U0160125

会 讲 故 事 的 童 书

进击的人类
生命的非凡逆袭
让你惊掉下巴的
漫画人类进化史

[日] 长谷川政美 - 著
刘 畅 - 译

文化发展出版社
Cultural Development Press
·北 京·

图书在版编目（CIP）数据

进击的人类 ：生命的非凡逆袭 /（日）长谷川政美著 ；刘畅译. — 北京 ：文化发展出版社，2023.5

ISBN 978-7-5142-3951-5

Ⅰ. ①进… Ⅱ. ①长… ②刘… Ⅲ. ①生物－进化－普及读物 Ⅳ. ①Q11-49

中国国家版本馆CIP数据核字(2023)第048277号

Original Japanese title: GOSENZOSAMA WA YOWAKATTA! GEKIYOWA JINRUISHI
supervised by Masami Hasegawa

Original Japanese edition published by Seito-sha Co., Ltd.
Simplified Chinese translation rights arranged with Seito-sha Co., Ltd.
through The English Agency (Japan) Ltd. and Qiantaiyang Cultural Development (Beijing) Co., Ltd.

北京市版权局著作权合同登记号：01-2023-3473

进击的人类：生命的非凡逆袭

著　　者：[日] 长谷川政美
译　　者：刘　畅

出 版 人：宋　娜　　特约编辑：周群芳
责任编辑：孙豆豆　　责任校对：岳智勇　马　瑶
责任印制：杨　骏　　封面设计：万　聪
出版发行：文化发展出版社（北京市翠微路2号 邮编：100036）
网　　址：www.wenhuafazhan.com
经　　销：全国新华书店
印　　刷：河北朗祥印刷有限公司

开　　本：797mm × 1092mm　1/16
字　　数：170千字
印　　张：11.75
版　　次：2023年9月第1版
印　　次：2023年9月第1次印刷

定　　价：58.00元
I S B N：978-7-5142-3951-5

◆ 如有印装质量问题，请电话联系：010-68567015

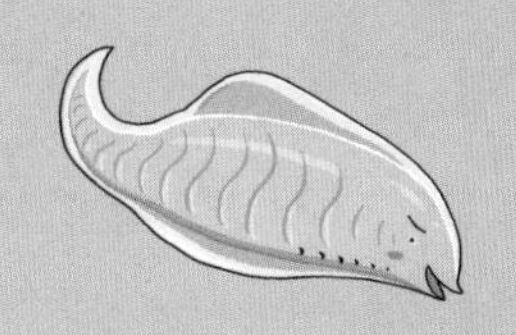

前言

我们现代人准确地说应该被称为智人。其实很久很久以前，还曾经存在过其他人种，例如尼安德特人。人类起源于非洲大陆，并不断进化，其中尼安德特人离开非洲迁移到亚欧大陆，而智人留在了非洲大陆。

后来，智人也来到了亚欧大陆，并遇到了早就迁移过来的尼安德特人。不久，尼安德特人逐渐地灭绝。他们是不是在与智人的争斗中被消灭的呢？答案是否定的。尼安德特人身体强壮，智人是打不过他们的。

有一种叫作白鹡鸰的鸟，本来只分布在日本北海道附近，可是现在它们广泛地分布于日本各地。在本州岛还有一种叫作黑背白鹡鸰的亚种。当两种鹡鸰在水源处相遇时，一般情况下，白鹡鸰都会被黑背白鹡鸰驱赶。

每当我看到这样的景象时，就会在脑海中想象智人和尼安德特人相遇时的情景。

随着城市化的发展，黑背白鹡鸰的栖息地不断减少，而白鹡鸰因为不受水源地的限制数量反而增加了。智人也一样，他们尽管弱小，但是由于具有强大的适应能力，最后走向了繁荣。

进化生物学家　长谷川政美

目录

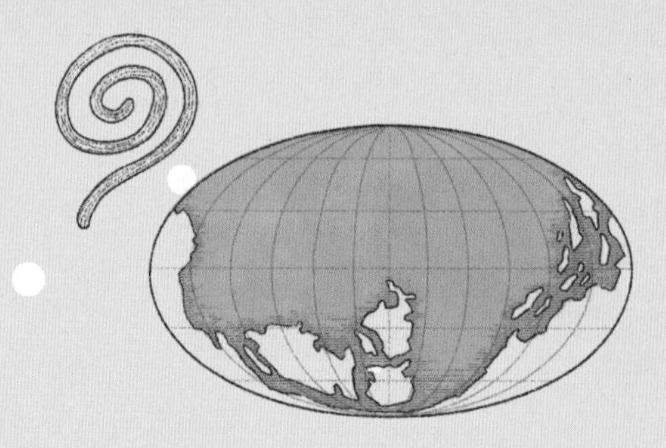

第2章 从鱼类到两栖类时期 32

第4章 类人猿时期 104

序章

欢迎来探索人类诞生的历史

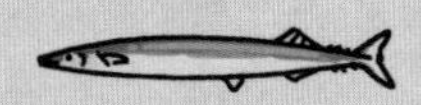

人类

可以说人类如今是站在地球顶点的生物。

我们甚至可以利用科学的力量改造地球。

现在地球上大约有80亿人，可以说，我们是地球的主宰者。

但是，人类从一开始并不是最强大的。

为什么人类能够发展得如此繁荣呢？

冒昧打扰一下，
我们来猜一个有
关人类的谜题。
选哪个
人种？
这两个人种谁
与现代人关系
更密切呢？
翻到下一
页之前，
请试着思
考一下！
A
B
身体结实、充满力量
的尼安德特人
身体羸弱的智人

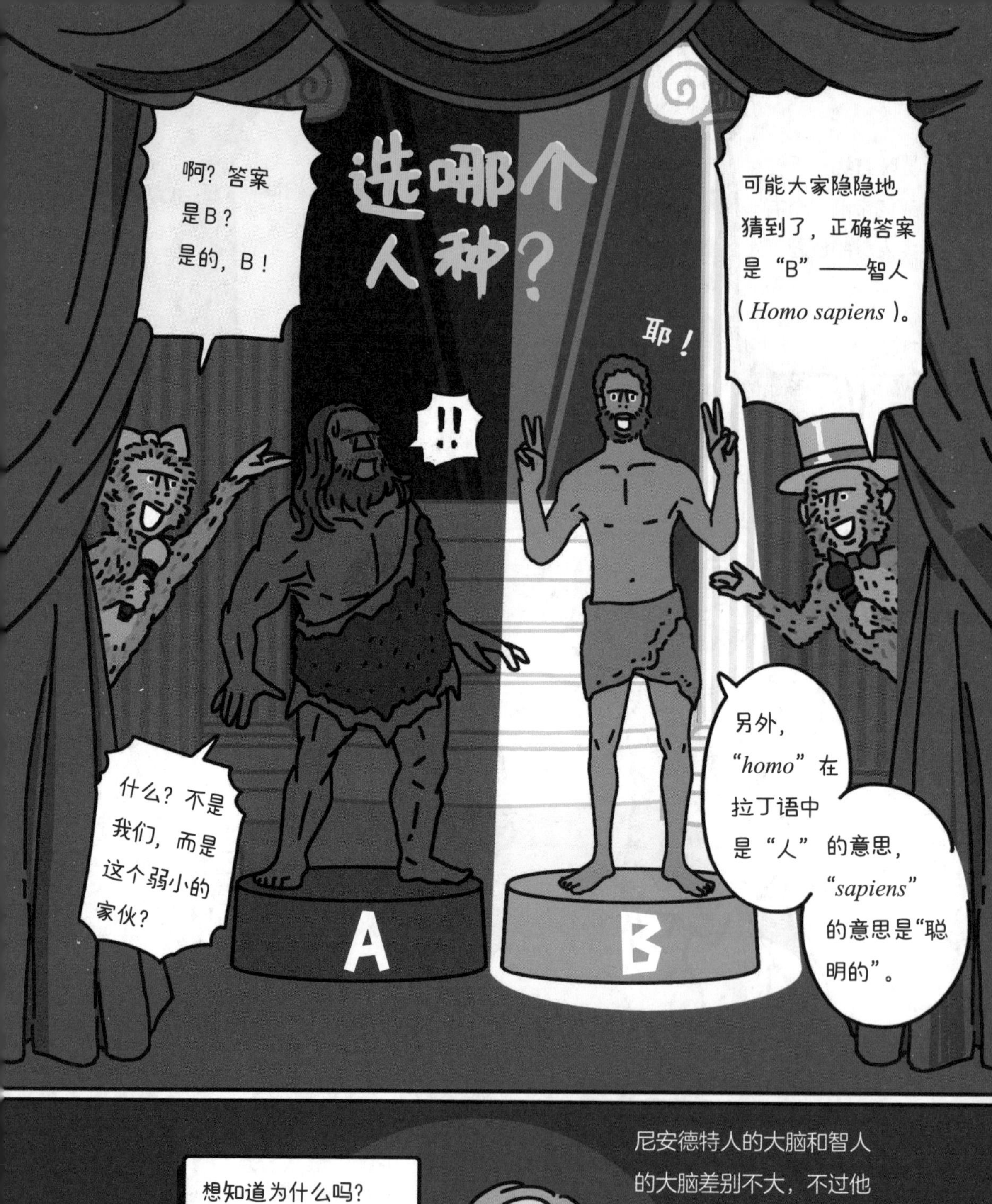

尼安德特人的大脑和智人的大脑差别不大，不过他们在学会智人的很多技能前就灭绝了。

也就是说，并不是长得强壮就能够存活下来。
其实人类的祖先们大多是很弱的生物。
瑟瑟发抖
瑟瑟发抖
不过正是因为弱小，它们才会想尽办法存活下来，并不断进化。
多亏了前辈们在夹缝中艰难求生，才有了今天的我们。
战战兢兢
畏畏缩缩

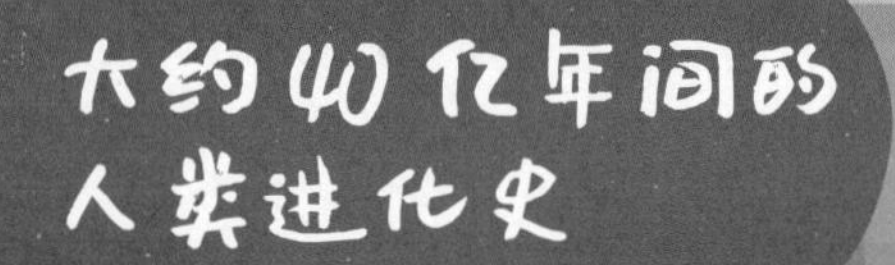

最初的生命
LUCA*

卷曲藻

植物

柳树、蒲公英等几乎所有植物

多细胞生物

栉水母

节肢动物

昆虫、虾、螃蟹、蜘蛛等

鱼类
（脊索动物门）

昆明鱼

软骨鱼纲

鲨鱼、鳐鱼等

新翼鱼

肉鳍鱼类

辐鳍鱼纲

秋刀鱼、鲷鱼等几乎所有的硬骨鱼类

两栖类

鱼石螈

单孔类

丽齿兽

奇尼瓜齿兽

这些就是40亿年间在地球上存活下来的人类祖先们，这就是“前辈”的历史。

*LUCA：Last Universal Common Ancestor，指所有物种在分化之前最初的共同祖先。

特别说明：为了让人类进化史更加简明易懂，图中将部分内容简化了。

两栖类

青蛙、
蝾螈等

鸟类

麻雀、乌鸦、
鹫、鸽子等

恐龙

爬虫类

蜥蜴、蛇、乌
龟、鳄鱼等

大象、狮子、
狗、猫等

猕猴、狒狒等

地猿始祖种

南方古猿
阿法种

哺乳类

灵长类

类人猿

隐王兽

辛普森氏果猴

侏罗兽

猿人

原人、旧人

能人

直立人

海德堡人

大猩猩等

黑猩猩等

人（新人）

智人

现在

众多危机逼近了弱小的人类祖先们。

空气有剧毒！

怎么办？第17页

前寒武纪时期

大约21亿年前

恐龙好可怕！

泥盆纪

大约4亿1900万~3亿5900万年前

泥盆纪

泥盆纪的大海是鱼类的天堂，同时也是非生即死的战场。

啊！

有多少条命都不够。

我不要吃啦！

瑟瑟发抖

新翼鱼

怎么办？第50页

被疯狂捕食

三叠纪末期

哈哈，接下来是我们的时代了！

埃雷拉龙（身长6~7米）

拥有特殊呼吸器官的恐龙更能适应低氧环境。

不仅态度嚣张，身体都变大了。

哒哒！哒哒！

弱小群体不知不觉间……

怎么办？第80页

三叠纪

大约2亿5200万~2亿100万年前

无处容身！

怎么办？

第97页

晚第三纪

大约440万年前

一部分恐龙以鸟的姿态在大灭绝中存活了下来。这就是恐鸟。

新生代以哺乳类和鸟类的生存竞争为开端。

冠恐鸟
（身长约2米）

我不会轻易把这个星球的霸权交出去的！

啊！好大！

不要吃我。

不会吃你的！虽然我看着可怕，但我是素食主义者哦。

第四纪

大约240万~160万年前

没有食物！

为了存活下来，南方古猿阿法种前辈开始在草原上集体行动。

肚子饿了……

咕噜噜……

怎么办？

第122页

尼安德特人以欧洲为中心，自发扩散到了中东、中亚的各个角落。

他们遇到了尼安德特人！

打败你！

锵锵锵！

你想怎样？

遇到竞争者！

怎么办？

第153页

第四纪

约7万~5万年前

就这样，祖先们战胜了一次又一次的危机。

人只要活着，就
会有各种各样感
到脆弱的时候。

你可能会失落，可能
会丧失自信。

其实我们的很多前辈
也是这样的。

在接下来的故
事中，虽然危
机四伏，但是
前辈们却上演
了一幕幕大逆
袭的精彩好戏。

我觉得大家有必
要了解一下前辈
们的进化历史。

第1章 多细胞生物时期

前寒武纪时期

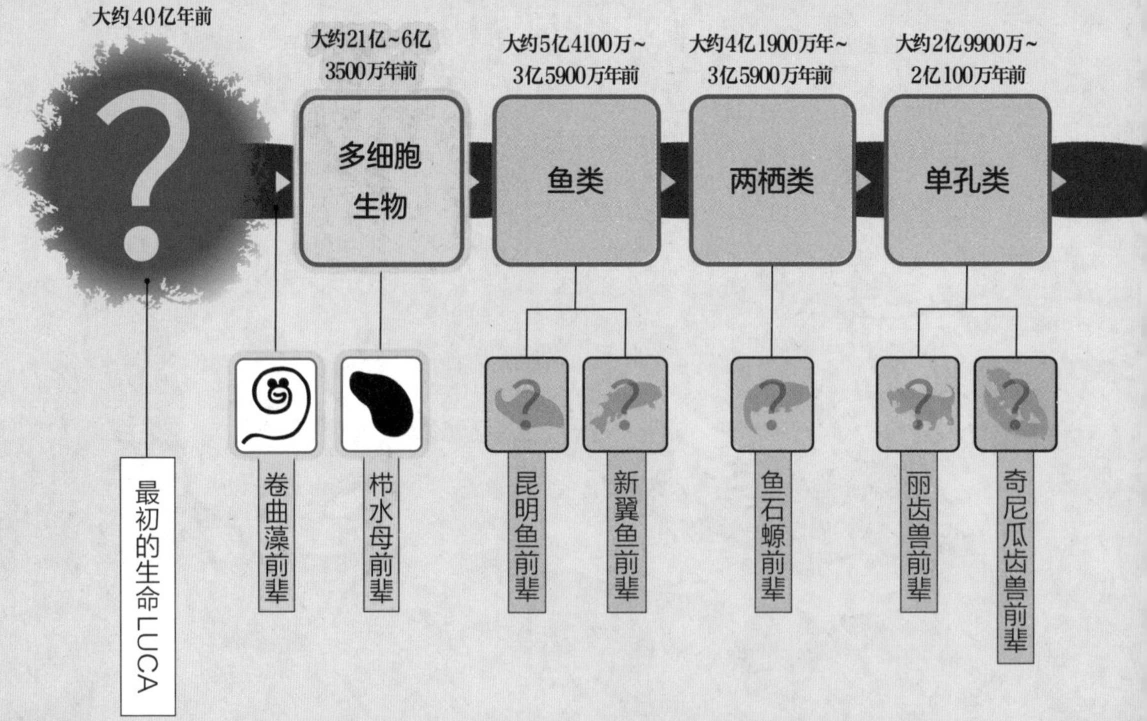

大约40亿年前

？

最初的生命LUCA

卷曲藻前辈

大约21亿~6亿3500万年前

多细胞生物

柎水母前辈

大约5亿4100万~3亿5900万年前

鱼类

昆明鱼前辈

新翼鱼前辈

大约4亿1900万年~3亿5900万年前

两栖类

鱼石螈前辈

大约2亿9900万~2亿100万年前

单孔类

丽齿兽前辈

奇尼瓜齿兽前辈

第1章讲述的是从地球上最初的生命出现到大约20亿年后的发展阶段。人类最古老的前辈多细胞生物诞生了，可是作为一种生物来说它们太脆弱了。它们会不会突然就灭绝了呢？

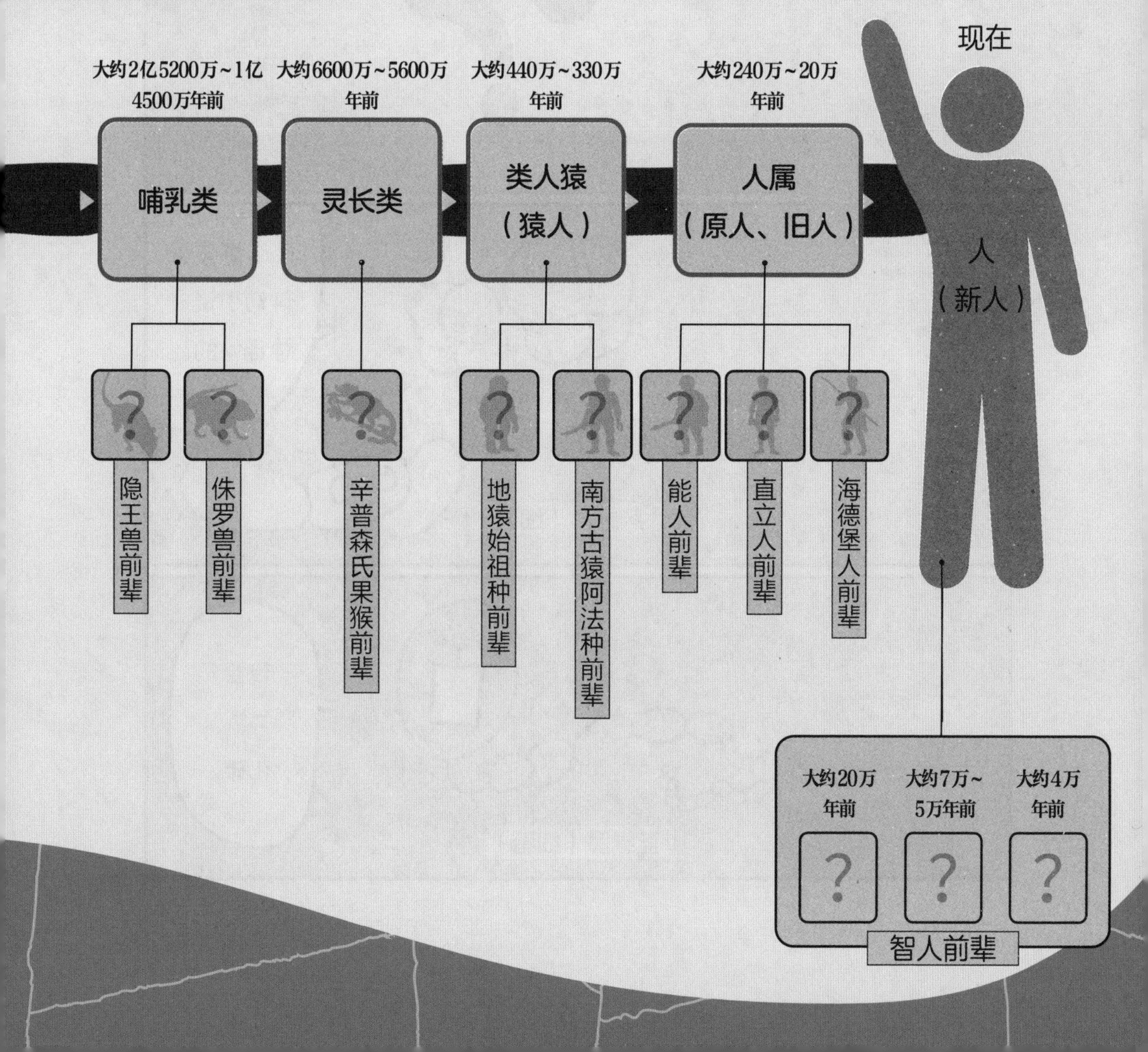

前寒武纪时期

生命诞生了，却突然陷入绝境

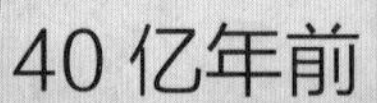

在地球深深的海底，所有生命的共同祖先“LUCA”诞生了，故事由此开始……

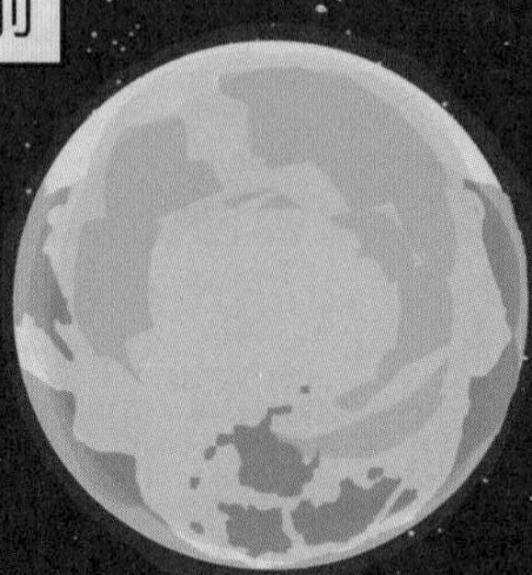

我们不知道LUCA到底是什么，

有可能是附着在陨石上来到地球的。

LUCA分裂出多种细菌来。

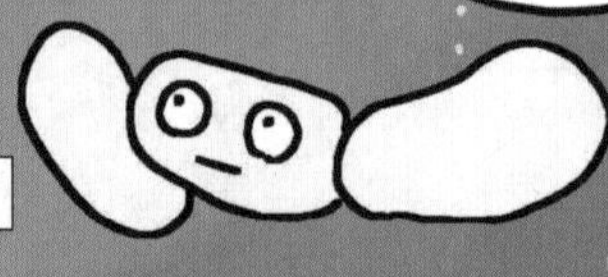

大约35亿年前，特别喜欢二氧化碳的蓝绿藻出现了。

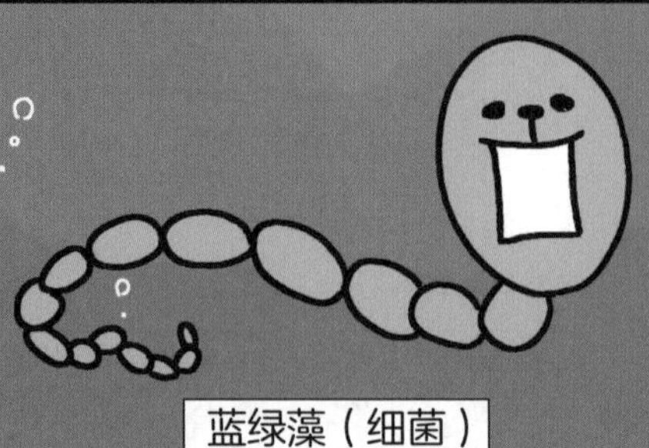

……就这样，大约过了11亿年后……

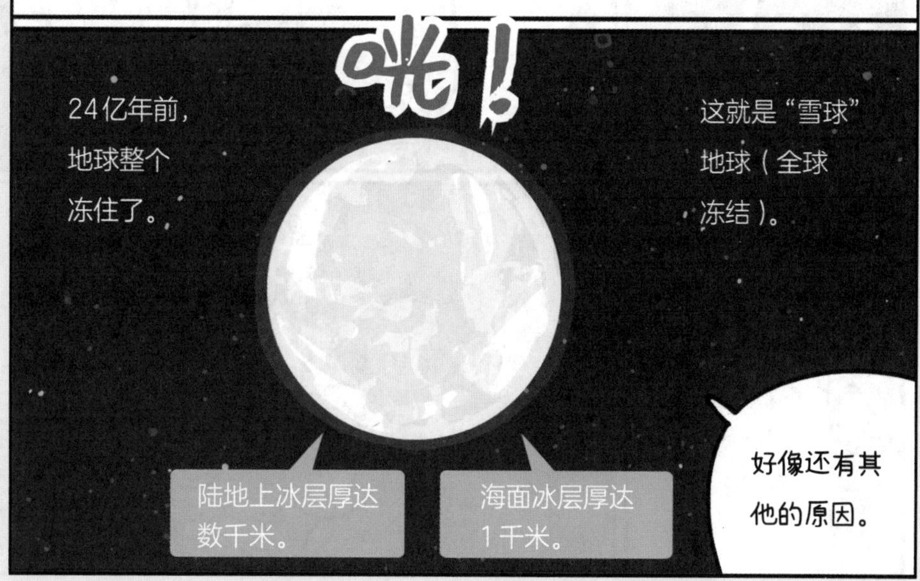

*光合作用：绿色植物（包括藻类）吸收光能，把二氧化碳和水合成富能有机物，同时释放氧气的过程。

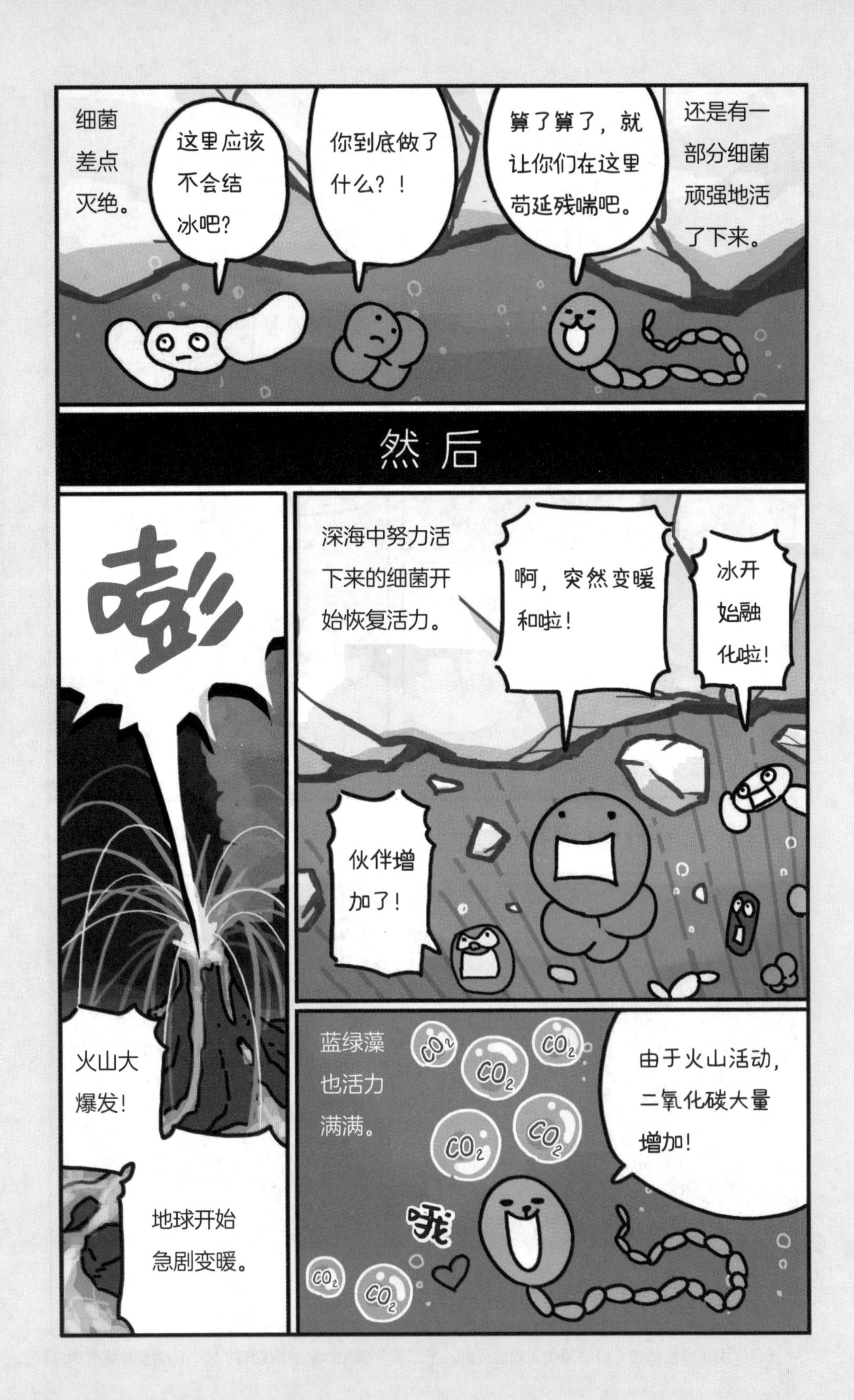
细菌差点灭绝。
这里应该不会结冰吧？
你到底做了什么？！
算了算了，就让你们在这里苟延残喘吧。
还是有一部分细菌顽强地活了下来。
然后
嘭
火山大爆发！
地球开始急剧变暖。
深海中努力活下来的细菌开始恢复活力。
啊，突然变暖和啦！
冰开始融化啦！
伙伴增加了！
蓝绿藻也活力满满。
由于火山活动，二氧化碳大量增加！
哦
CO_2

蓝绿藻、氧气都开始爆发式增加。
同伴、氧气多多益善！大家加油！
同伴、氧气多多益善！大家加油！
同伴、氧气多多益善！大家加油！
同伴、氧气多多益善！大家加油！
噗
怎么又是你！
噗
哎？是吗？
噗
由于这个原因，其他生物倒了大霉。
在如此混乱的情况下，21亿年前，我们的前辈诞生了。
它就是人类最古老的祖先——卷曲藻。
大家好，我是你们的前辈。
卷曲藻前辈是一种怎样的生物呢？

大约21亿年前的祖先

卷曲藻前辈

卷曲藻这类生物我们称之为真核生物。它是有化石遗存的人类最早的祖先。它们多是像盘式蚊香一样卷起来的。现在已经发现的最古老的化石是从大约21亿年前的地层中挖掘出来的。

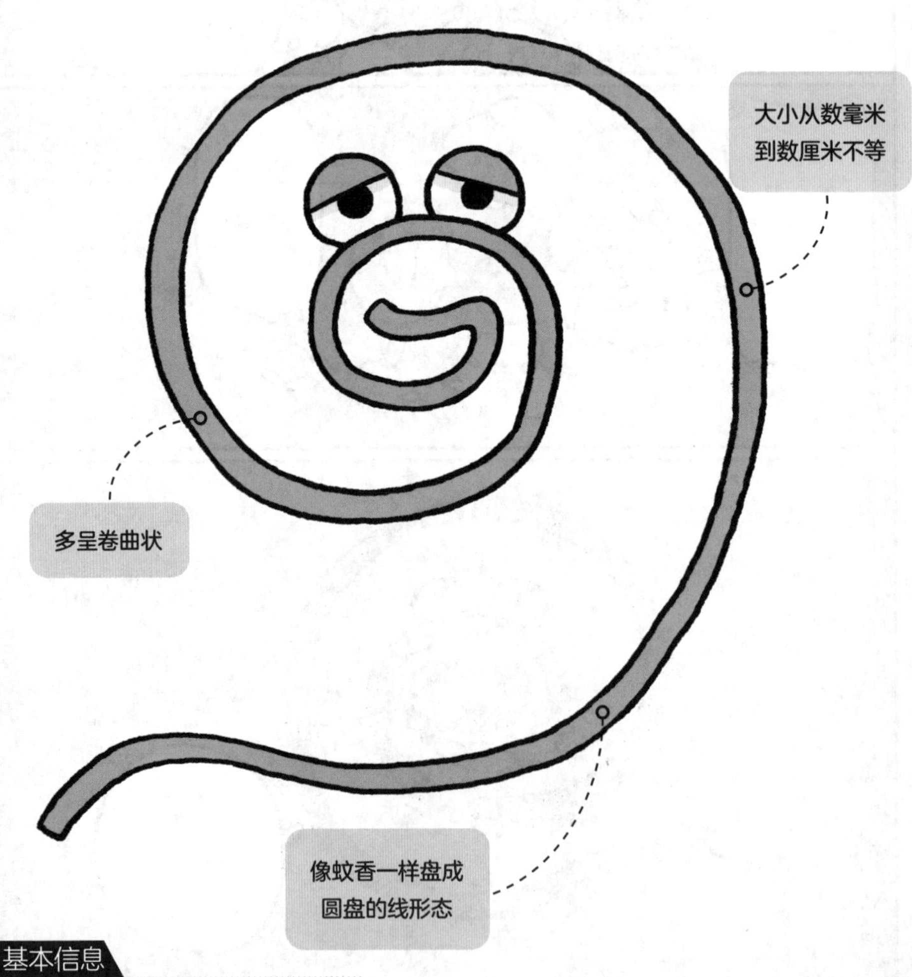

基本信息

名称　卷曲藻
时期　前寒武纪时期
大小　数毫米至数厘米

※ 它们实际上没有眼睛哦！

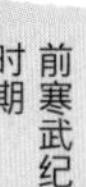

但是我们的前辈们太弱了……

呼吸空气却被毒死！

氧气攻击细胞！

释放氧气的蓝绿藻大量增加，导致地球空气中的氧气浓度变大。对现在的我们来说，氧气是必不可少的，但在那时候却不是。

之前地球上的生物都是在氧气稀薄的条件下生活的，对它们来说，氧气就是一种毒气，它们细胞中非常重要的DNA会遭到氧气的攻击。所以一旦氧气增加，地球上就像是到处弥漫着毒气一样。那么它们是否能够克服这种“毒气”呢？

获得防御毒气的守护力！

细胞中的膜阻止了氧气的攻击！

为了存活下来，地球上的生物必须要守护细胞中的DNA免受氧气的攻击。此时，卷曲藻这种真核生物获得了一层包裹DNA的膜。这层膜起到了防御作用，保护至关重要的DNA不再受到氧气的攻击。

此外，像卷曲藻之类有了膜的真核生物们的细胞中还出现了一种真正的细菌——线粒体。它能够将氧气转化为能量。

获得一层守护DNA的膜

就这样，在战胜了氧气的有毒攻击之后，前辈们就能在氧气浓郁的地球上生存下去了。同时，引发氧气有毒攻击的罪魁祸首——蓝绿藻则进入卷曲藻这样的真核生物子孙后代的细胞中，逐步衍生出现代植物体内的叶绿体。也就是说，蓝绿藻是植物的祖先。

前寒武纪时期

地球变化太剧烈，让人绝望

前寒武纪时期 埃迪卡拉纪

度过危机的卷曲藻等真核生物又完成了一次重要的进化。

虽不可见，但大海里满是微生物。

之前出现的生物都是只有一个细胞的单细胞生物。

简单地活着……

这是生命进化过程中的一个大事件。

真核细胞生物中出现了拥有很多细胞的多细胞生物*。

以防万一，我先说好，我是没有眼睛的。

*卷曲藻到底是单细胞生物还是多细胞生物，尚无定论。

单细胞生物

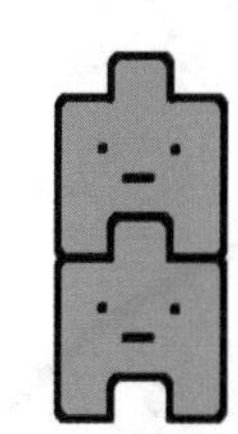

因为只有一种细胞，因此只会有和自己一样的子孙后代。

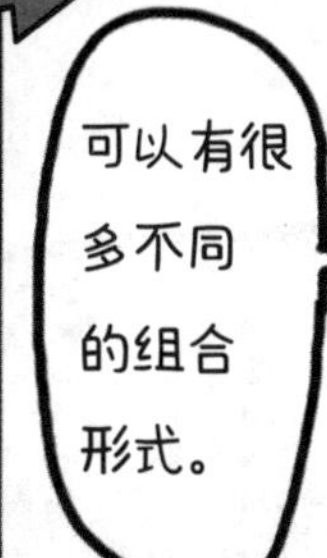

多细胞生物

不同的细胞组合在一起，可以生成复杂的生物。

就这样，复杂形态的生物不断出现，我们的前辈也完成了进化。

大约6亿3500万年前的祖先

栉水母前辈

多细胞生物是由单细胞生物进化而来的。很多动物的共同祖先很可能就是拥有简单神经系统的栉水母之类的多细胞动物。只不过，现在这些还没有得到证实。

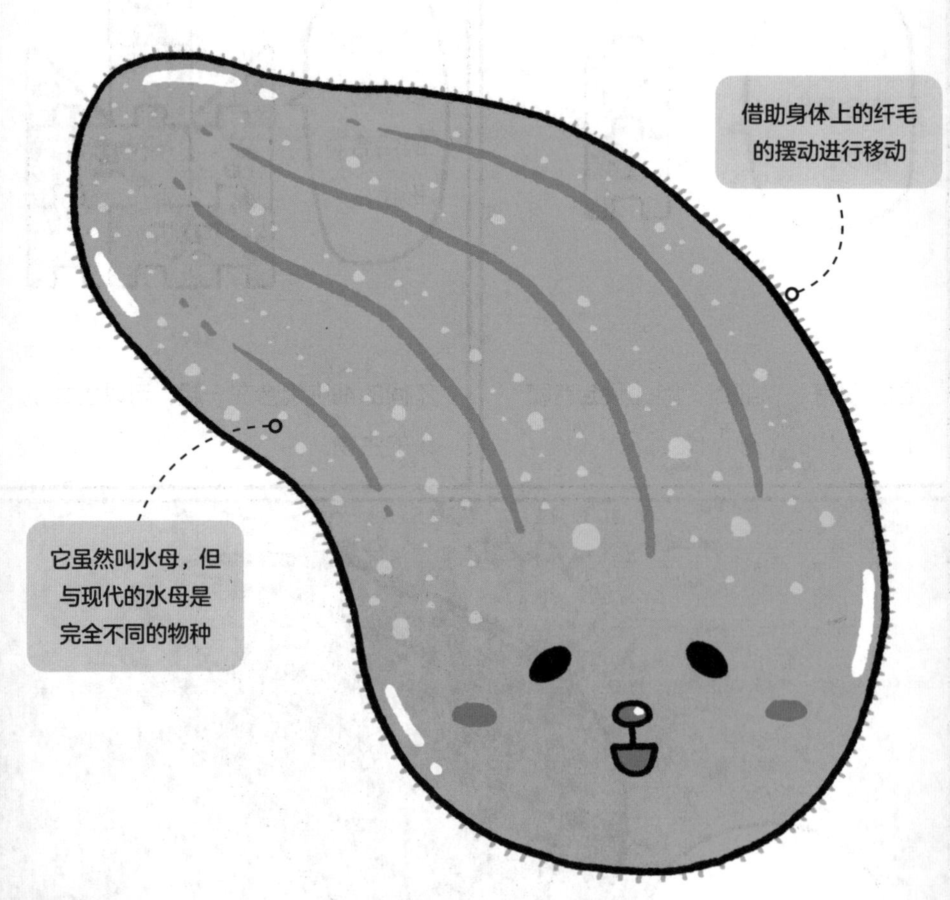

※ 实际上没有眼睛、鼻子和嘴！

基本信息

名称　栉水母
时期　前寒武纪时期
大小　1~1.5厘米

但是我们的前辈们太弱了……

地球冻住了，超大危机！

地球整个冻住了！

我们把整体冻住的地球称为雪球地球（snowball earth）。大概在24亿年前曾经发生过一次雪球地球事件，然后，大约6亿5000万～6亿3500万年前，在栉水母等多细胞动物生活的时期又发生过一次。地球再次冰冻的原因至今不明。

当时，陆地上覆盖了厚达3000米的冰层，而栉水母这样的多细胞动物生活的大海的表面也有1000米厚的冰层，前辈们面临着可能灭绝的大危机！

勉强在海底活了下来，大家过着快乐的生活

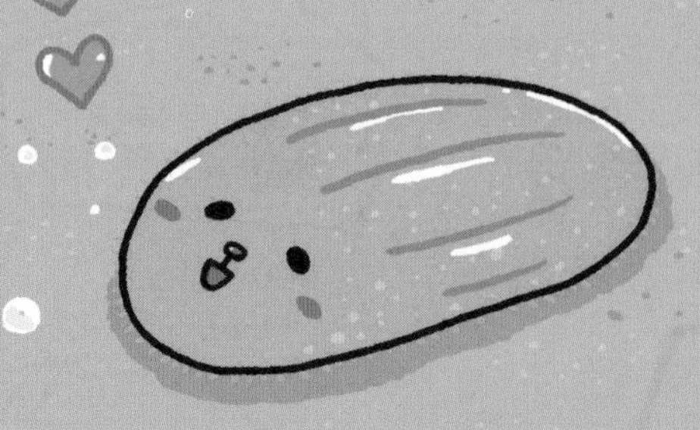

大海里的冰融化后生物增加了。

在冻得结结实实的地球上，栉水母这样的多细胞动物悄悄活了下来。

之后数千万年的火山活动让地球慢慢变暖，冰开始融化。在距今大约6亿3500万～5亿4100万年前，多细胞动物大幅进化为新的生物，我们称之为埃迪卡拉动物群。

它们是怎么进化的呢？首先是大小。之前的多细胞动物最长不过几厘米，

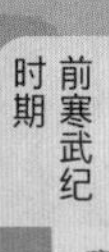

在海底默默生活数千万年

可是埃迪卡拉动物群中有很多几十厘米甚至超过1米长的动物。其次，与以前的多细胞动物相比较，埃迪卡拉动物群的生物外观多种多样，显现出生物个性化。它们之间没有竞争，在大约3000万年间一直和平地生活在海底。

但是！

灭绝！

好不容易在地球冰冻期结束后，埃迪卡拉动物群迎来了繁荣，但是它们在大约5亿4100万年前却突然灭绝了，灭绝原因不明。

持续了大约3000万年的埃迪卡拉动物群时代结束了。

这之后大约1600万年间，地球上只有时间在静静地流逝……

人类的前辈会怎样呢？

请接着看第2章

从生命的诞生到多细胞生物

大约21亿年前

卷曲藻

（➡第18页）

大约6亿3500万年前

栉水母

（➡第24页）

大约5亿4100万年前

大量灭绝！

从46亿年前地球诞生开始到大约5亿4100万年前的这段时间，我们将之称为前寒武纪时期。在当时的地球上，陆地基本都分布在南半球，其中以南极为中心的冈瓦纳古大陆是一块超级大陆。那时还没有陆地植物，所有的陆地都是广袤的荒地。这时候人类的祖先已经在大海中出现了，但是前寒武纪末期却发生了大灭绝事件。

这个时期出现的多细胞生物是指什么？

下面介绍一下拥有很多细胞的多细胞生物。

在细胞内部结构方面，人类和栉水母是一样的！

例

栉水母

例

人类

我们人类的身体是由很多种细胞组成的。人体细胞的总数**约为38万亿个！**

生物的身体都是由微小的细胞构成的。只有一个细胞的生物叫作单细胞生物。有很多种细胞的生物叫作多细胞生物。人类的祖先栉水母也是由细胞构成的。

与栉水母一样，人类的身体也是由细胞构成。人体内大约有38万亿个不同种类的细胞，皮肤、肌肉、骨头、内脏、头发都是由细胞构成的。

放大！

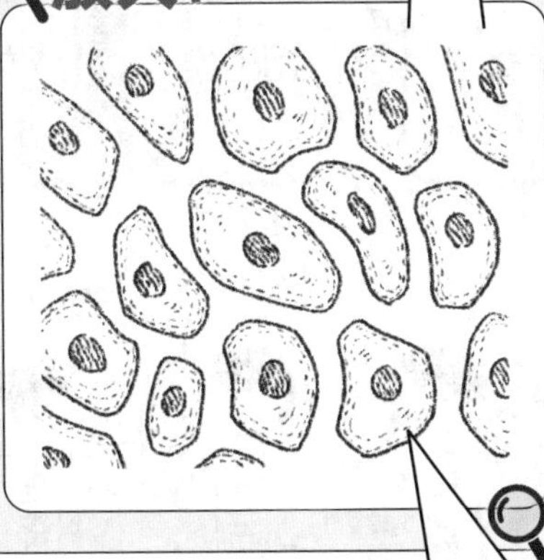

放大！

皮肤细胞

放大！

我们尝试放大一个细胞。细胞的正中间是细胞核，它周围环绕着有各种作用的小器官。各种形状和大小的细胞的内部构造基本都是一样的。

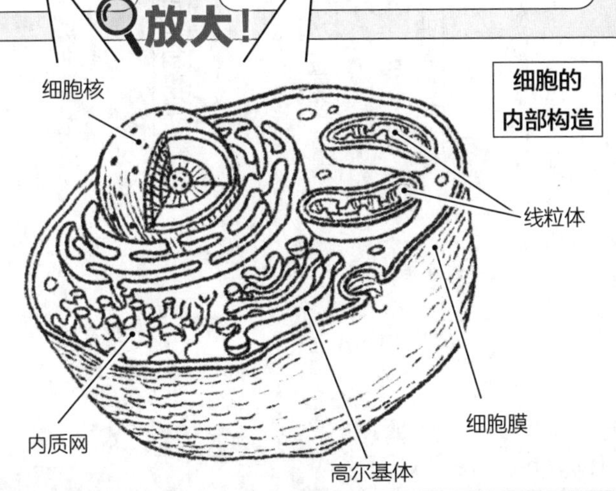

第2章 从鱼类到两栖类时期

寒武纪到二叠纪

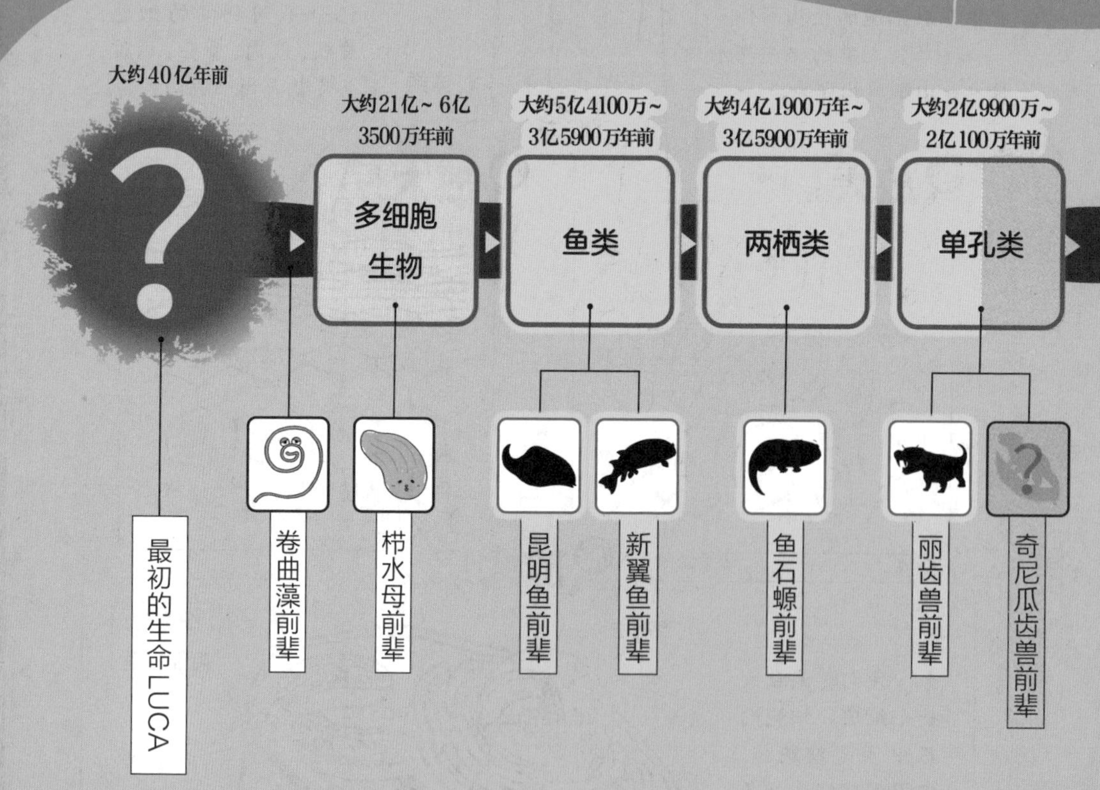

地球环境急剧变化，周围遍布强敌。十分弱小的人类前辈每天都过着艰难求生的日子，很多年以后，它们变身为鱼类，非常努力地生活着！

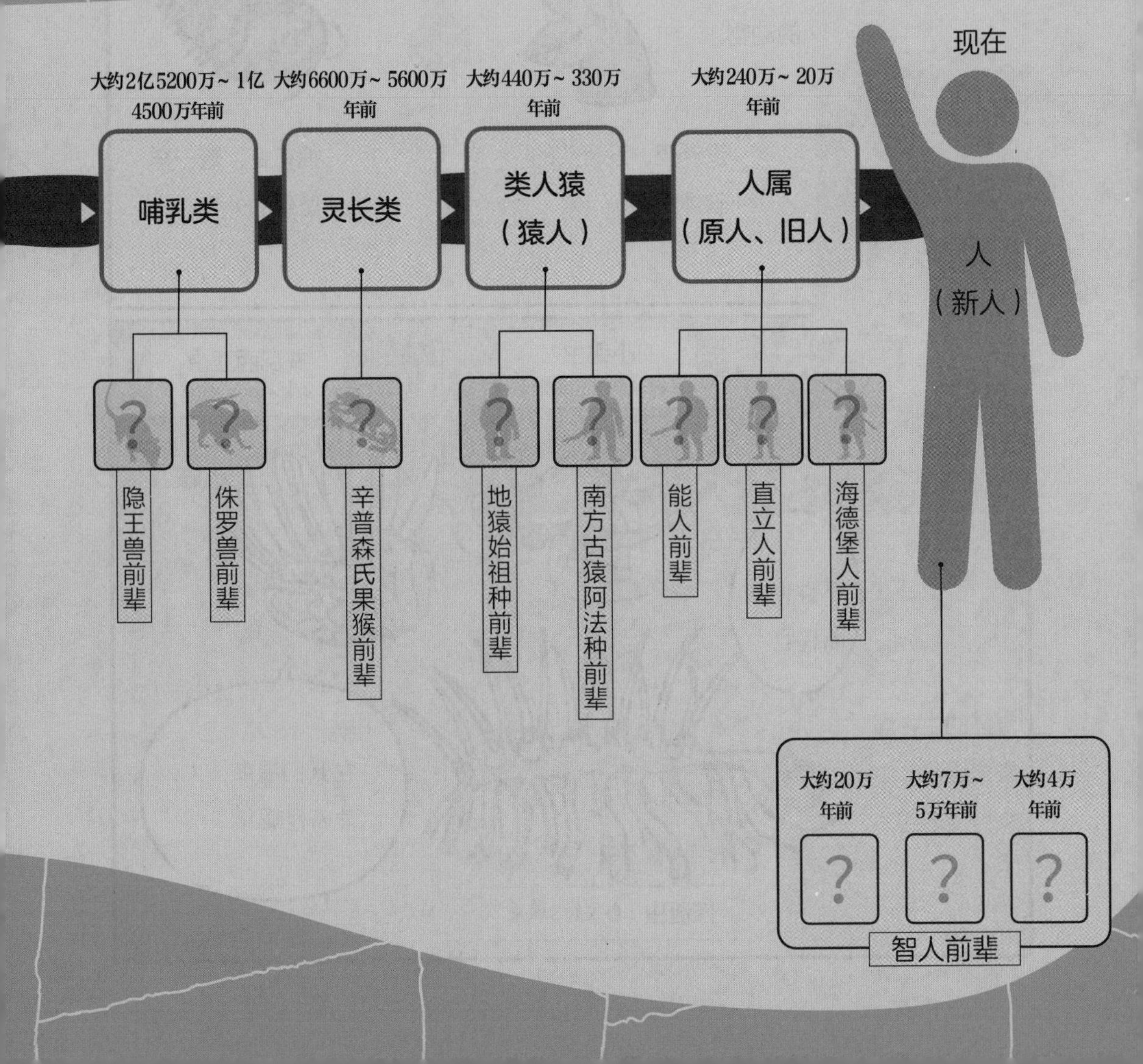

人类诞生的故事 3

寒武纪

奇迹般地复活，周围却遍布强敌

寒武纪

埃迪卡拉动物群突然灭绝的1600万年后，

出现了与埃迪卡拉动物群完全不同的动物。

埃迪卡拉纪

没外壳、没骨头的软体生物

寒武纪

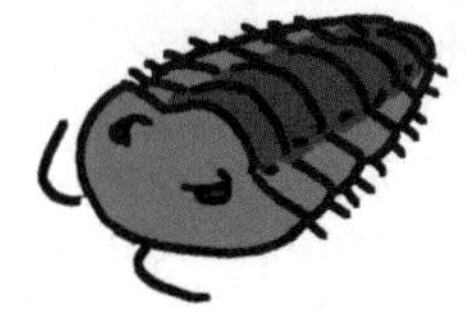

拥有虾、蟹一样坚硬的外壳

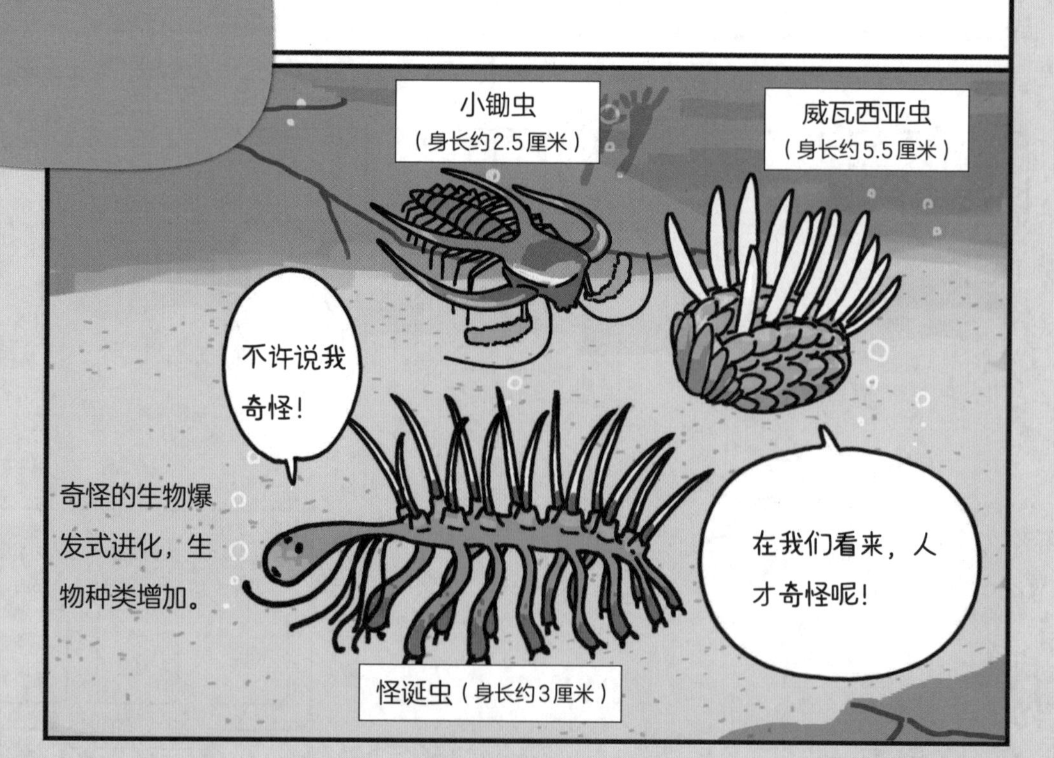

*节肢动物：身体表面覆有外壳，身体和足分节的动物，如蝗虫、螃蟹、蜘蛛等。

*三叶虫：最早拥有眼睛的动物之一，从寒武纪开始，在之后的大约3亿年间一直繁荣发展。

说起我们
人类的
前辈……
啊!
都给我
停下!
哇!
快逃!!
扑通!
扑通!
扑通!

最古老的
鱼类——
昆明鱼。
完全属于被
吃的一方!
瑟瑟发抖
瑟瑟发抖
可……
可怕……
昆明鱼前辈是一种怎样的生物呢?

大约5亿4100万~4亿8500万年前的祖先

昆明鱼前辈

像我们这样拥有脊椎骨的动物被称为“脊椎动物”。昆明鱼是目前已知有化石被发现的最古老的脊椎动物。我们的祖先变成鱼类，还拥有了眼睛，但是这时候的它们还没有鳞片和下颚。

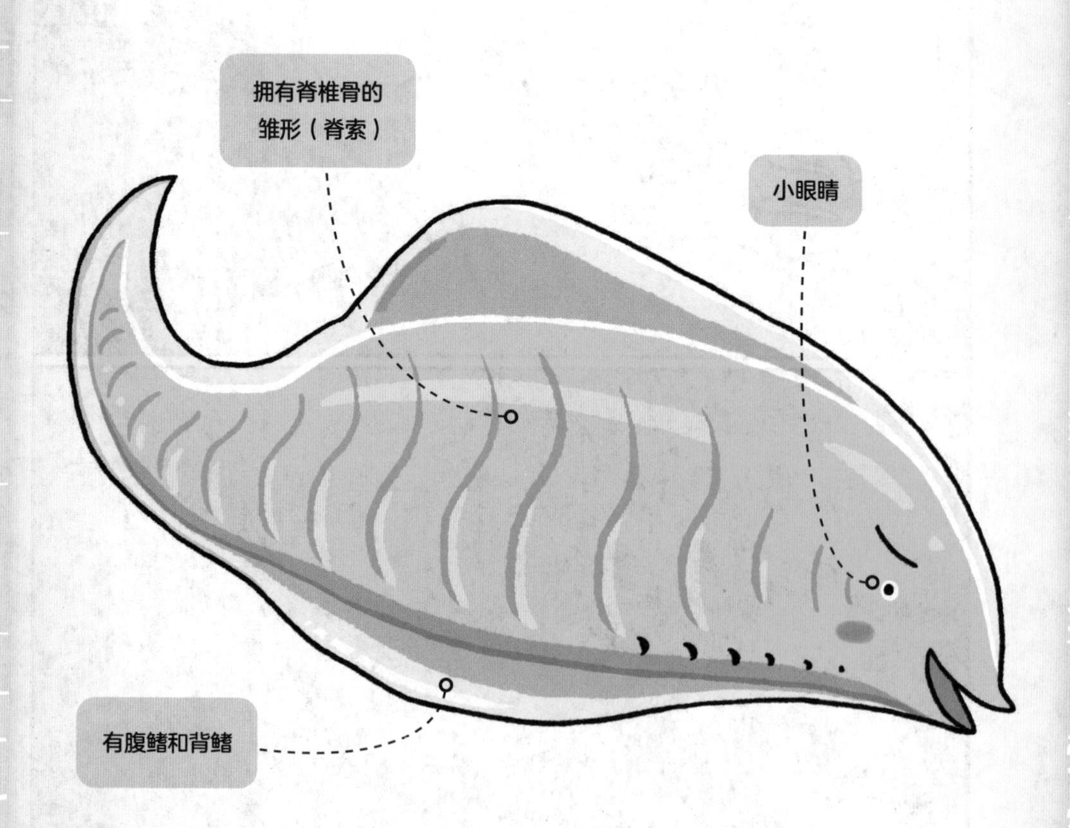

基本信息

名称　昆明鱼
时期　寒武纪
大小　长约3厘米

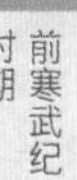

大海中到处都是强大的敌人！

在寒武纪时期，支配海洋世界的是身长达1米的奇虾等大型节肢动物。节肢动物是虾、蝴蝶等的祖先。这个时期的昆明鱼等脊椎动物则十分弱小，因此它们就成了节肢动物的捕食对象。

还有，节肢动物的眼睛很大，在大海中视野广阔。可是，昆明鱼的眼睛视物模糊，有时强大的敌人已经很接近了，它们还没有发现，那就只有被吃掉的份儿了！

成群结队地逃跑！

几百个成员组成群体一起生活。

为了存活下来，被当作食物的昆明鱼的作战方针就一个字——逃！

奇虾等节肢动物不仅身体大，视力还好，昆明鱼是绝对战胜不了它们的。那么就以数量取胜吧。昆明鱼开始以几百条为一个群体，在一起活动、生活。

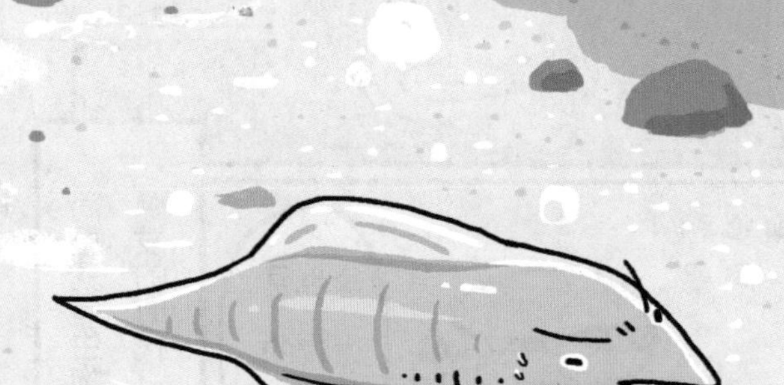

即使可能被吃掉也要一直游

很多成员在一起，遇到强敌袭击的时候，大家只要游啊游，一直游就好了。即使很多成员被吃掉也总有能够活下来的。昆明鱼就这样在竞争激烈的寒武纪存活下来了。

总之，群体活动避免了昆明鱼的全体灭绝。正因为有了存活下来的昆明鱼，脊椎动物才能迎接下一个时期的到来。

成功活下来了！

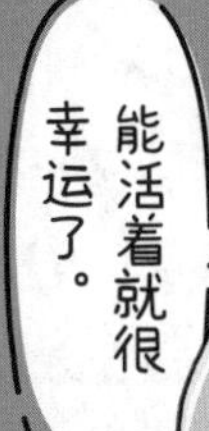

人类诞生的故事

4

奥陶纪到泥盆纪

虽然彻底变身为鱼，却又弱又小

奥陶纪

从昆明鱼生活的时代开始大约1亿年后，生物多样性大幅提高。

多样性是什么意思？

简单来说，就是有更多不同物种和不同类型的生物。

相同物种的不同个体也显现出了个性特征。

棘皮动物，*
辛辛那提海百合
（身长约50厘米）

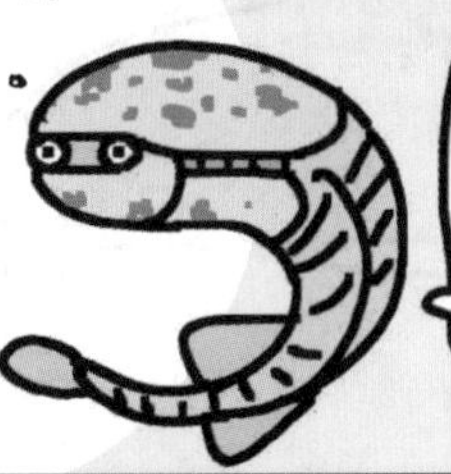

简直就是生物多样性爆发的时代！

*棘皮动物：海胆、海星等的总称。

但是！灭绝！

4亿4400万年前的奥陶纪末期，

海洋生物中85%的物种突然灭绝了！

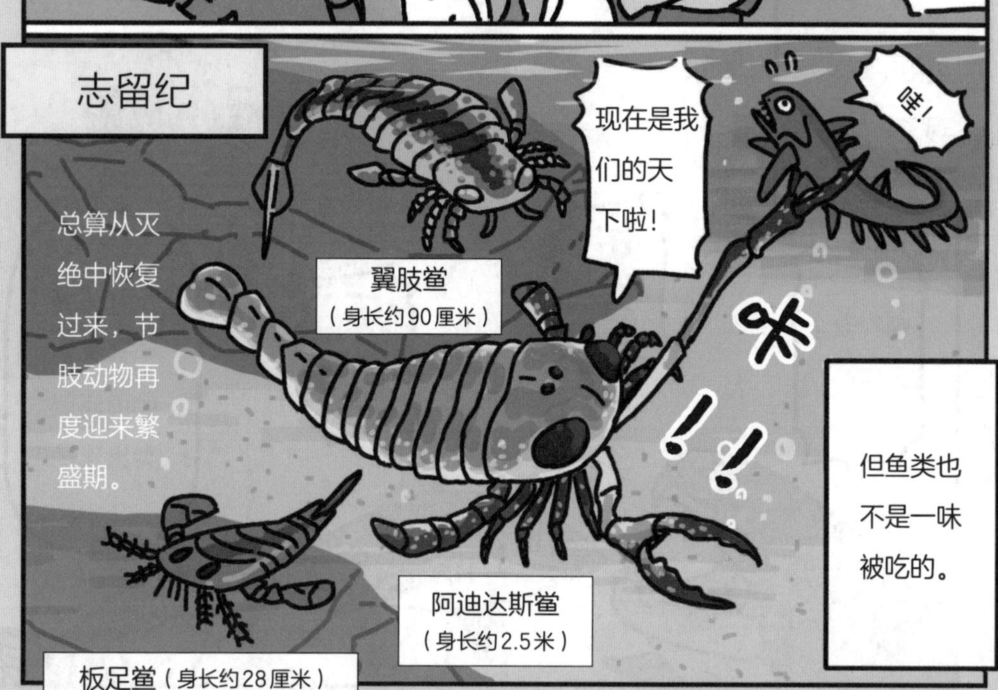

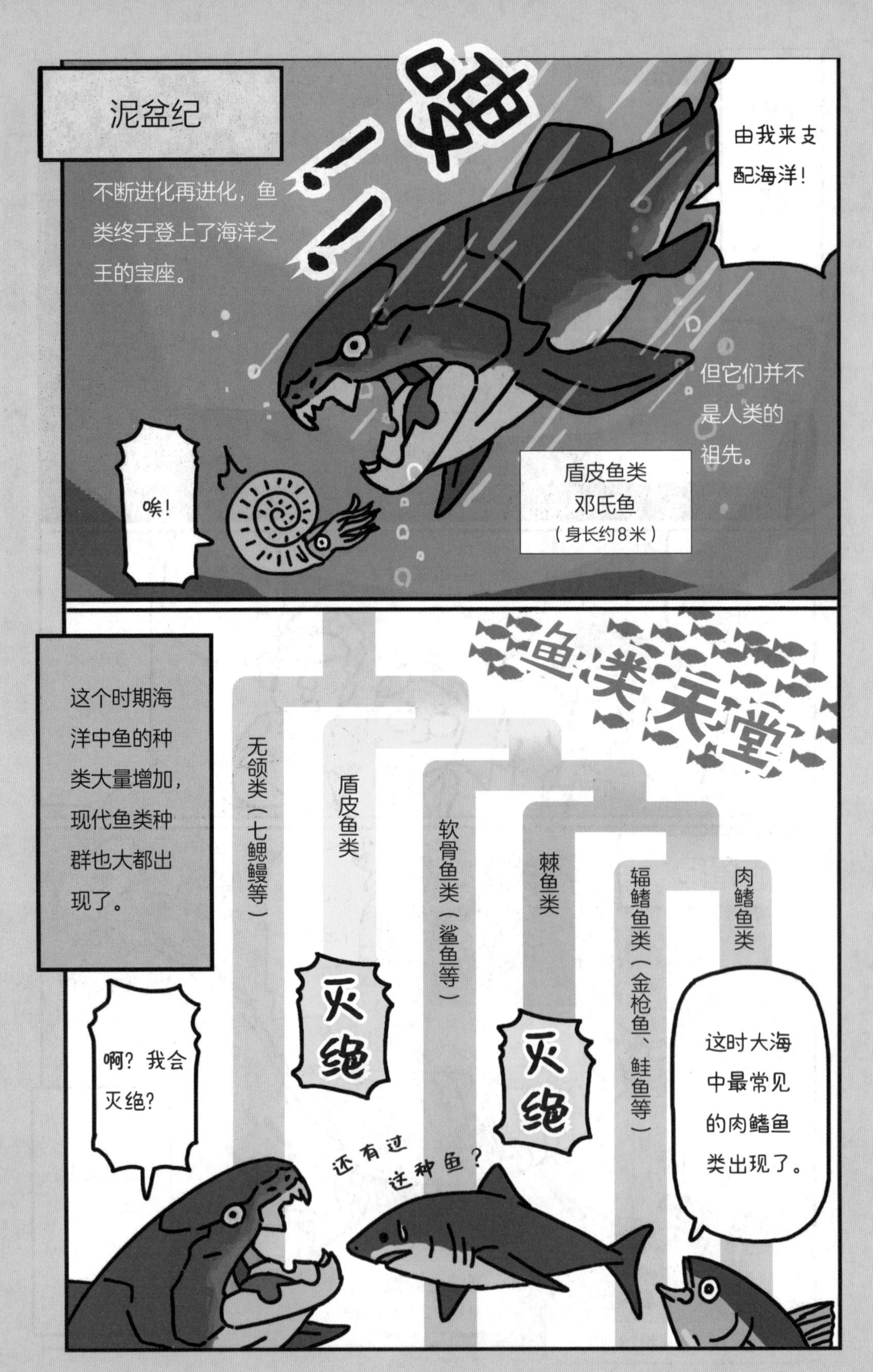
泥盆纪
不断进化再进化，鱼类终于登上了海洋之王的宝座。
嗷——！！
由我来支配海洋！
但它们并不是人类的祖先。
盾皮鱼类
邓氏鱼
（身长约8米）
唉！
鱼类天堂
这个时期海洋中鱼的种类大量增加，现代鱼类种群也大都出现了。
无颌类（七鳃鳗等）
盾皮鱼类
软骨鱼类（鲨鱼等）
棘鱼类
辐鳍鱼类（金枪鱼、鲑鱼等）
肉鳍鱼类
灭绝
灭绝
啊？我会灭绝？
还有过这种鱼？
这时大海中最常见的肉鳍鱼类出现了。

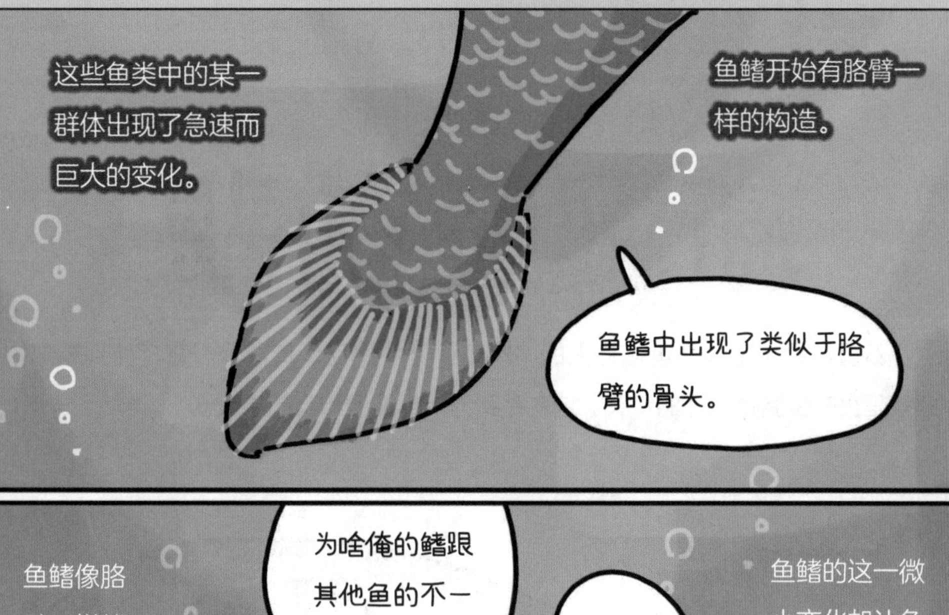
这些鱼类中的某一群体出现了急速而巨大的变化。
鱼鳍开始有胳臂一样的构造。
鱼鳍中出现了类似于胳臂的骨头。

鱼鳍像胳臂一样的鱼类种群被称为肉鳍鱼类。
为啥俺的鳍跟其他鱼的不一样呢？
不是很有个性吗？
鱼鳍的这一微小变化却让鱼类有了新的进化方向。
不用在意！
米瓜莎鱼
（身长约45厘米）

与人类关系密切的肉鳍鱼类代表物种就是——
新翼鱼前辈！
嗐……大海里到处都是敌人啊……
新翼鱼前辈是一种怎样的生物呢？

大约4亿1900万~3亿5900万年前的祖先

新翼鱼前辈

新翼鱼属于由鱼类进化而来的“肉鳍鱼类”生物。其脊骨一直延伸到尾部，鱼鳍里也有像胳臂一样的骨头。这就是我们人类胳臂和腿的原型。

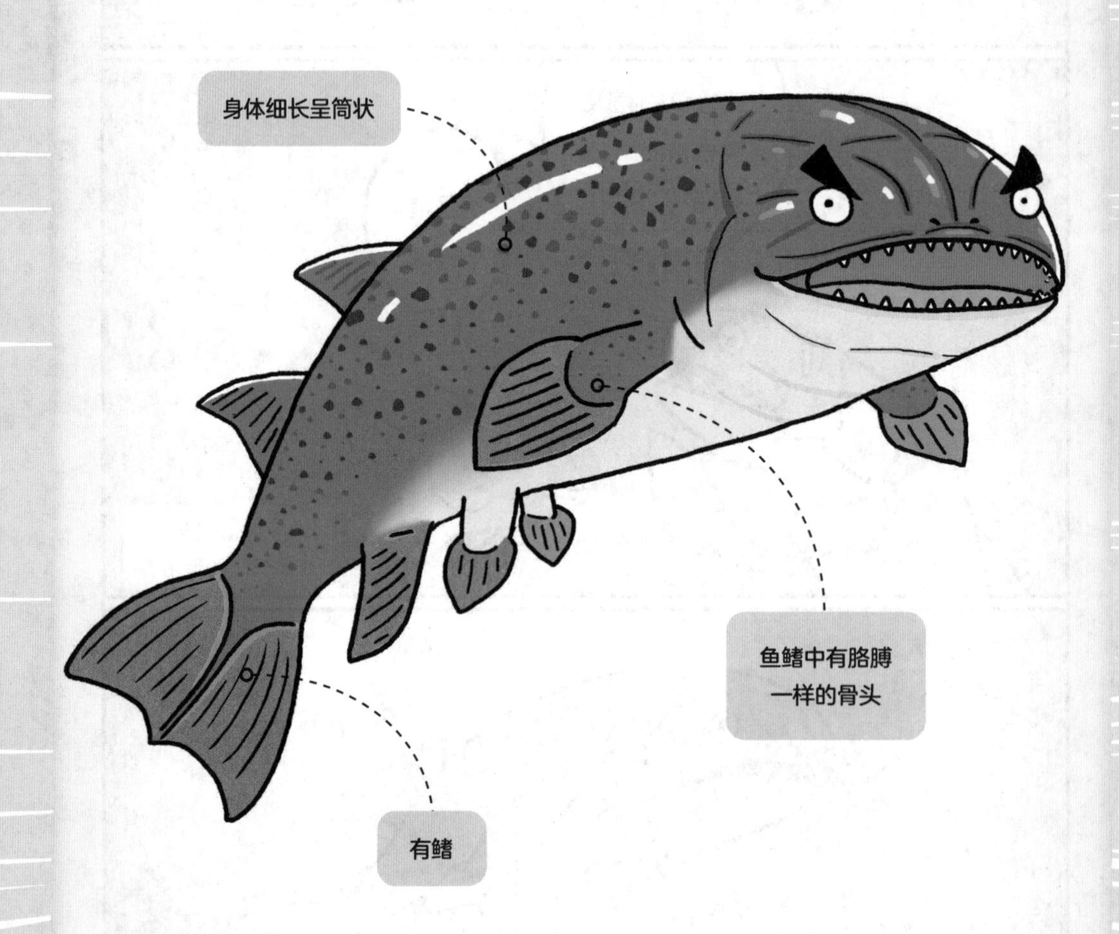

基本信息

名称 新翼鱼
时期 泥盆纪
大小 长约1.5米

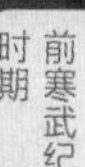

但是我们的前辈们太弱了……

每天都被强大的鱼类追赶着……

在大海里只能成为其他鱼类的食物！

这个时期支配海洋的生物都是巨大的鱼类，例如头和身体有着坚硬的骨头、具有强大咬合力的邓氏鱼。

而我们的前辈新翼鱼既没有强大的咬合力，身上也没有尖刺。在所有由鱼类进化而来的生物中，什么武器都没有的它们实在是太弱了。待在大海里它们只会成为其他鱼类的食物，大海里已经没有以新翼鱼为代表的肉鳍鱼类的生存空间了。

因为弱，
才变成这样！

有了肺就可以逃向河流了！

在没有天敌的河流中定居下来！

在大海里生存不下去的新翼鱼等肉鳍鱼类生物中，出现了一个新的群体。它们就是有了肺的肺鱼类*。

因为有了肺，它们可以离开水吸收空气中的氧气。也就是说，它们可以把头伸出水面，在空气中换气，因此它们可以在比大海含氧量更少的河流中生存。相反，没有肺的鱼类

*肺鱼类：有肺的鱼类。现存的肺鱼被称为活化石。

有了肺可以出入河流了

则不能在含氧量较少的水中存活。就这样，肉鳍鱼类前辈因为有了肺才得以成功地逃亡到了河流中，而那里不会有鱼类天敌的追赶。

然后，这时获得的肺又引发了进一步的进化。

人类诞生的故事 5

泥盆纪

河流里也住不下去了

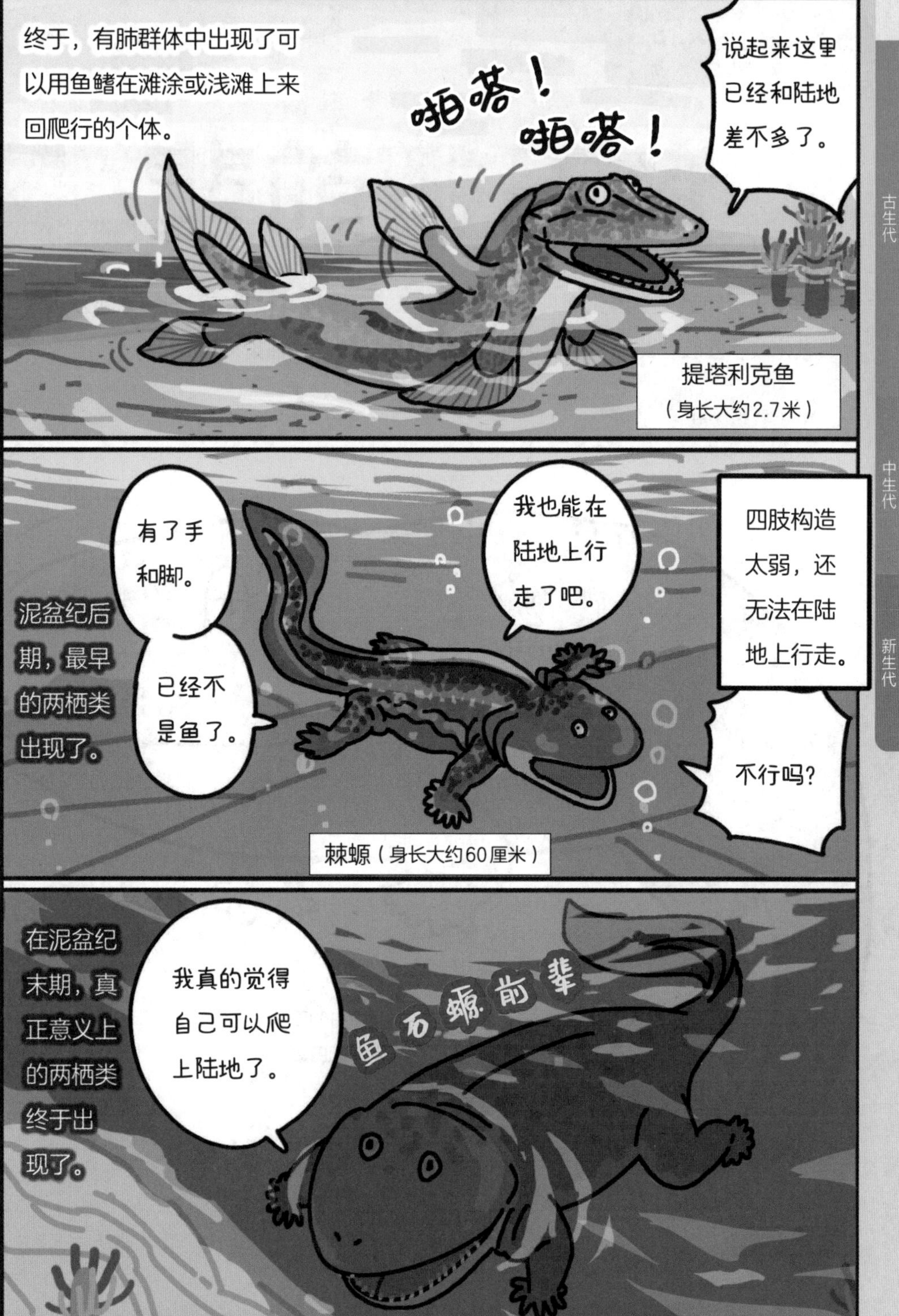
终于，有肺群体中出现了可以用鱼鳍在滩涂或浅滩上来回爬行的个体。
啪嗒！啪嗒！
说起来这里已经和陆地差不多了。
提塔利克鱼（身长大约2.7米）
泥盆纪后期，最早的两栖类出现了。
有了手和脚。
已经不是鱼了。
我也能在陆地上行走了吧。
四肢构造太弱，还无法在陆地上行走。
不行吗？
棘螈（身长大约60厘米）
在泥盆纪末期，真正意义上的两栖类终于出现了。
我真的觉得自己可以爬上陆地了。
鱼石螈前辈
鱼石螈前辈是一种怎样的生物呢？

大约4亿1900万~3亿5900万年前的祖先

鱼石螈前辈

属于由肉鳍鱼类进化而来的两栖类动物。肉鳍鱼类时期，它们胸鳍部分的骨头进化成了四肢。此外，肋骨也变宽大了，可以很好地保护内脏。

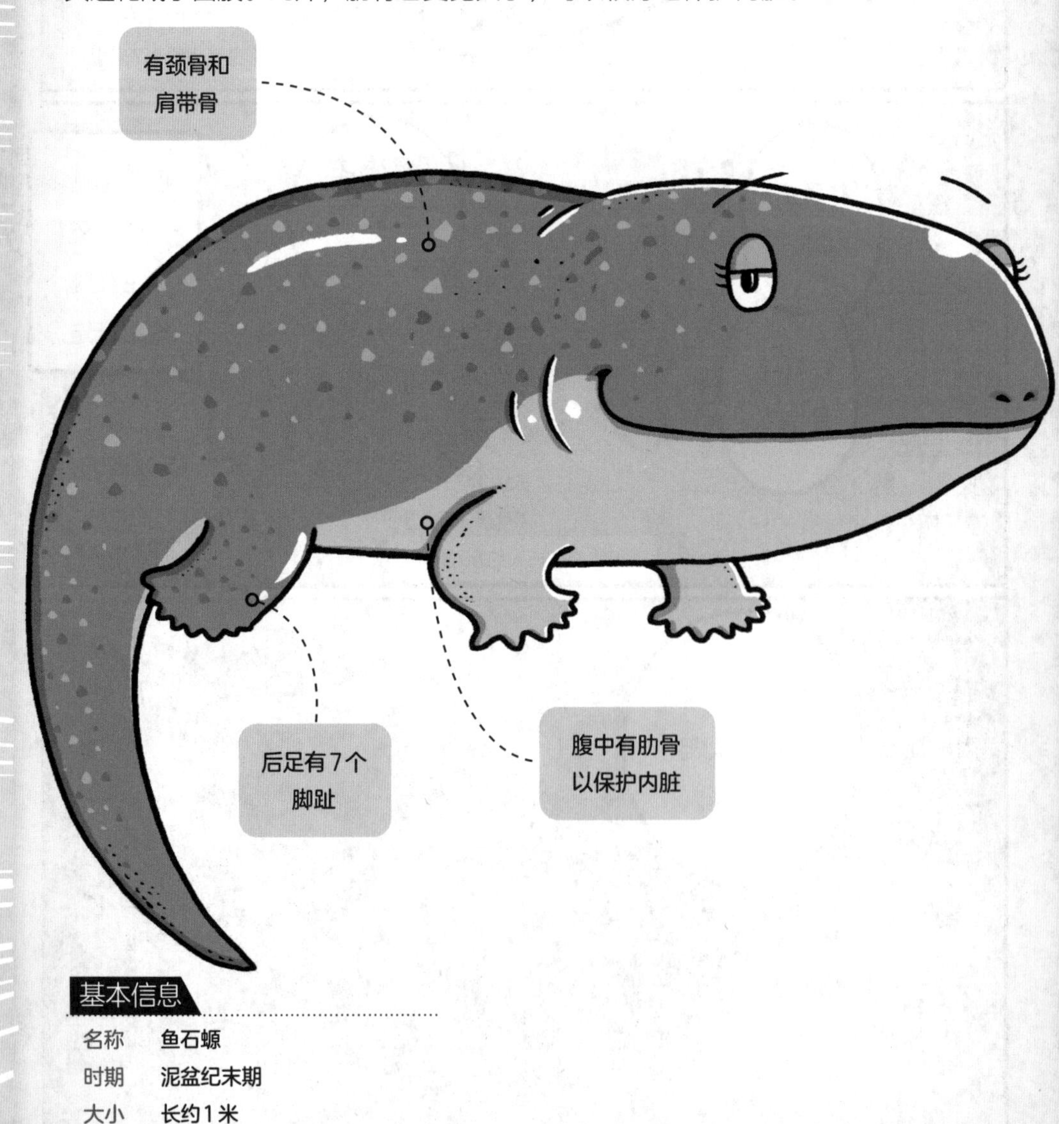

基本信息

名称 鱼石螈

时期 泥盆纪末期

大小 长约1米

但是我们的前辈们太弱了……

虽然敌人少了，但河流里住起来真不舒服……

河流里也不好住！

因为海里敌人多，所以鱼石螈前辈来到河流里过上了自由的生活。本来预想应该是这样的，但现实是残酷的。

与海洋相比，河流的水量变化更剧烈，甚至偶尔还会出现河流干涸的情况。此外，落叶等垃圾多了又会污染河水。总的来说，河流里的生活根本不是想象中的天堂的样子，住在这里一点都不舒服。

我们的前辈鱼石螈不得不离开河流，寻找下一个安身之所了。

因为弱，才变成这样！

让鱼鳍变强壮，尝试登陆

人类的前辈终于登上陆地了！

在河流里住不下去的鱼石螈前辈开始寻找新的安身之所，最终它们将目光投向了陆地。在水中的时候，它们的身体会因为水的浮力而自然漂浮起来，可是在陆地上由于重力作用的影响，它们必须要靠自己的力量才能支撑起身体。这促使鱼鳍里面的骨头发生进化，生出了脚趾，同时它们的肋骨也变宽大了，可以保护内脏，以免在重力作用下被压扁。不过即使这样，鱼石螈也只能在陆地上拖着身体移动，但总算成功登陆了。另一种肉鳍鱼类动物——提塔利克鱼也在这个时候

进化出胳臂和腿，登上陆地

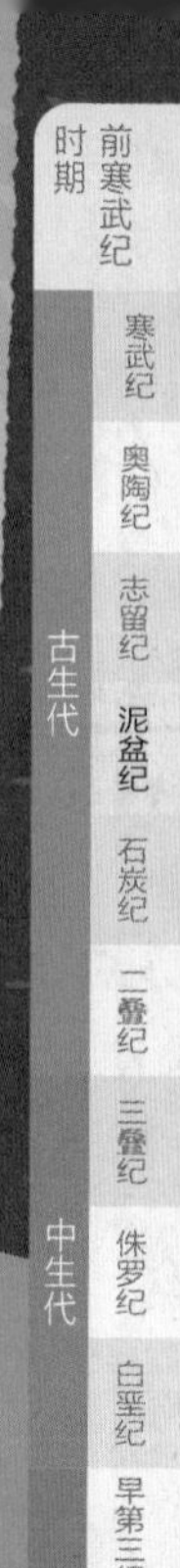

开始走上了陆地。

陆地成为这些动物新的生活舞台。这里只有昆虫，没有身长1米以上的生物。它们终于有了一个没有敌人的舒服的生活环境。

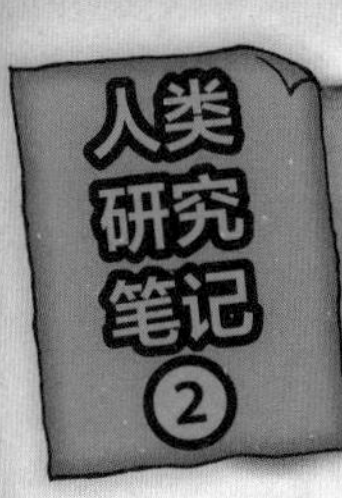

从鱼类到两栖类

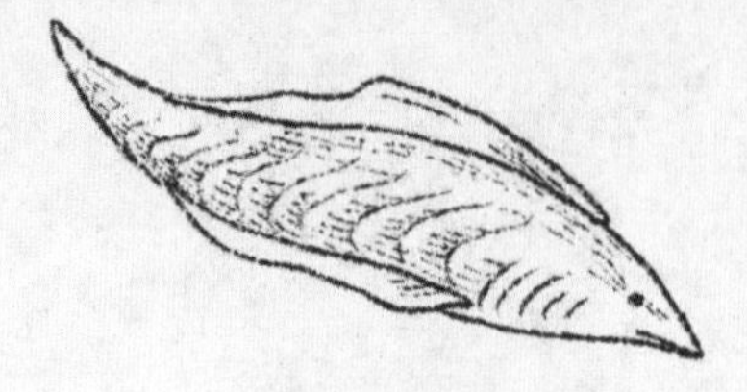

昆明鱼

（➡第38页）

新翼鱼

（➡第46页）

鱼石螈

（➡第52页）

寒武纪时期，劳伦古大陆已经北移，全球气候变暖致使地球北极和南极的冰全部融化了。到志留纪的时候，开始出现陆生植物。在泥盆纪时期，地球气候也比较温暖，南极附近的超级大陆冈瓦纳古大陆也开始向北移动。还有，在这一时期，人类的祖先由鱼类进化为两栖类，开始在陆地上生活了。

有动植物出现的古生代陆地

古生代的时候，动植物刚登上陆地，让我们看看那时的样子。

古生代志留纪 植物开始登陆

大约4亿4400万～4亿1900万年前的志留纪时期，地球表面有大片的浅海存在，顶囊蕨等植物不是生活在水中，而是开始在陆地的水边出现，不过那时还没有森林。

古生代泥盆纪 森林诞生

志留纪之后的泥盆纪时期，陆地上的植物已经很多了，泥盆纪中期出现了高达数十米的巨大植物，慢慢地形成了森林。

古生代石炭纪 昆虫增加

大约3亿5900万～2亿9900万年前的石炭纪时期，大海、河流附近出现了大片森林，森林中的植物以不开花的蕨类为主，森林中生活着多种多样的昆虫。

人类诞生的故事
6
石炭纪到二叠纪

陆地地盘争夺战开始了

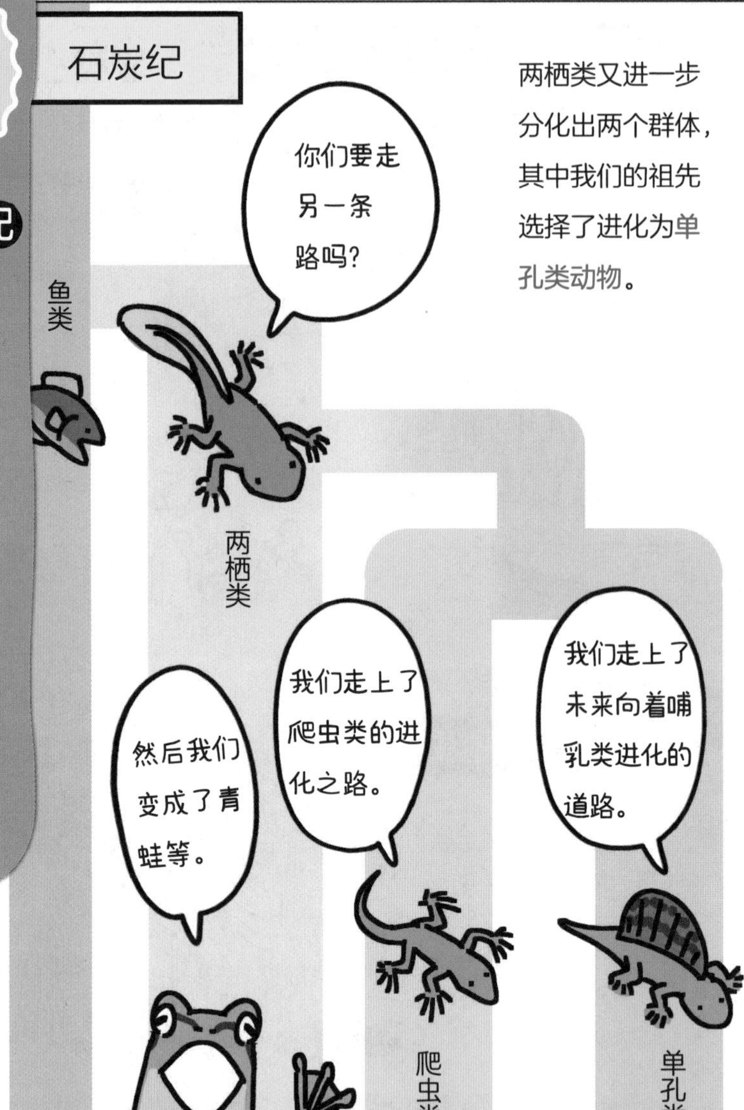
石炭纪
两栖类又进一步分化出两个群体，其中我们的祖先选择了进化为单孔类动物。
你们要走另一条路吗？
鱼类
两栖类
然后我们变成了青蛙等。
我们走上了爬虫类的进化之路。
我们走上了未来向着哺乳类进化的道路。
爬虫类
单孔类

石炭纪时期，陆地上昆虫和两栖类动物繁荣发展，蕨类植物欣欣向荣。突然，地球迎来了冰川期。
呜——
呜——
气候变化导致很多生物走向死亡甚至灭绝。

然后，到了二叠纪

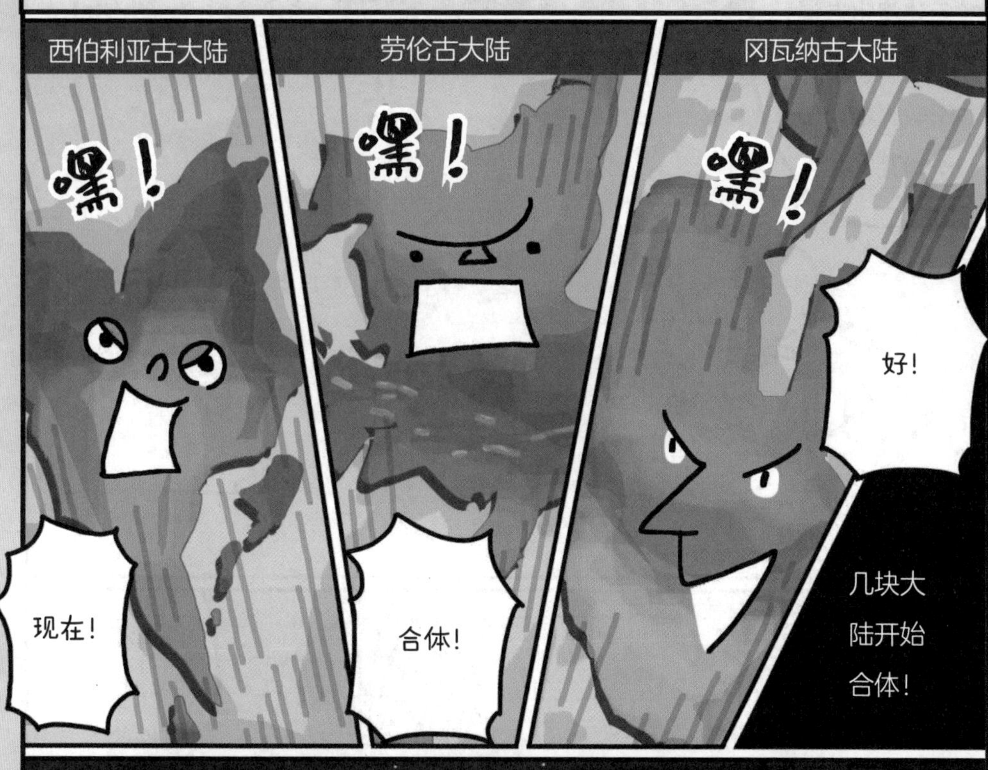
西伯利亚古大陆
嘿！
现在！
劳伦古大陆
嘿！
合体！
冈瓦纳古大陆
嘿！
好！
几块大陆开始合体！

咔！！
大陆合体！
超大陆地！
泛大陆！
完成！
地球上诞生了一块超级大的大陆！

*背帆：有观点认为太阳光可以给背帆骨中的血液加热，但尚未证实。

单孔类动物在大陆间移动，逐渐分散到世界各地。
吭哧！
吭哧！
陆地都连在一起了，太好啦！

后来，单孔类动物中出现了不同于盘龙类的一个新的群体——兽孔类。
单孔类
虽然我们看起来不一样，
但我们都是单孔类。
盘龙类
兽孔类

到了二叠纪后期，兽孔类中出现了陆地上最大的肉食性兽孔类动物。
我与之前的前辈们截然不同哦。
丽齿兽前辈
我们虽说是最大的，但也只是和大型犬差不多大。
丽齿兽前辈是一种怎样的生物呢？

大约2亿9900万~2亿5200万年前的祖先

丽齿兽前辈

丽齿兽属于由单孔类动物分化出来的“兽孔类”。它们拥有长长的尖牙(犬牙)，以及能够张开到90° 的上下颌。研究认为，它们是肉食性的，当捕猎的时候会张开大嘴，用尖牙刺穿猎物。

基本信息

名称	丽齿兽
时期	二叠纪后期
大小	长约80厘米

围绕陆地地盘问题，3 个种群展开了争夺战！

从海里来到陆地上生活以后，我们的前辈们一直自由地生活着，丽齿兽生存的时期，其他生物也大量地来到了陆地上。

那时，陆地上的动物大概分为3个种群。最早登上陆地的是两栖类，然后是从两栖类进化而来的爬虫类和单孔类。我们的前辈丽齿兽就属于单孔类。3个种群到底谁能掌控陆地呢？围绕这个问题，它们展开了激烈的争斗！最终，单孔类种群是否存活下来了呢？

因为弱，才变成这样！

靠着亲戚总算活下来了

在亲戚的帮助下得以在陆地上存活下来！

我们的丽齿兽前辈在兽孔类动物中是最大的。尽管如此，它们的身长也不过80厘米。相比身长约2米的两栖类、爬虫类动物，它们的身体实在太小了，根本打不过另外两个种群。

但是，它们有很多强大的单孔类亲戚，如身长3.5米左右的异齿龙，以及虽然是草食性，但是身长达到5米左右、头部坚硬的巨大的麝足兽等。

强大的单孔类动物不断驱逐陆地上的两栖类和爬虫类动物，使得它们的数量

大大减少，最终单孔类动物在陆地地盘争夺战中获得了胜利！丽齿兽也趁机苟活了下来。它们用最擅长的犬牙攻击猎物，获取食物，最终成了很了不起的陆地支配者。

不过，和平的生活并没有持续很久，马上地球上又将迎来一场大危机……

但是！

灭绝！

二叠纪末期再次出现了
大灭绝事件！
此次大灭绝很可能是火山喷发引起的。在这一事件中全球70%的陆生脊椎动物灭绝了，大约96%的海洋生物灭绝了。
它是地球史上最严重的一次大灭绝。
由此地球变成了死亡星球……
人类的前辈会怎样呢？
请接着看第3章

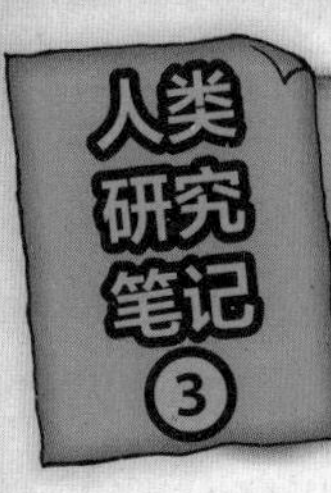

从单孔类到兽孔类

大约2亿9900万~2亿5200万年前

丽齿兽（➡第62页）

大约2亿5100万年前

二叠纪时期，地球上所有的陆地合体，超级大陆泛大陆诞生了。二叠纪初期，气候寒冷，之后慢慢转暖。泛大陆上到处都生活着大型动物。人类的祖先丽齿兽也出现了。不过，到了二叠纪末期，发生了史上最大规模的生物大灭绝事件，地球上的海洋生物和陆生生物大都消失了。

曾经支配陆地的单孔类动物

二叠纪出现了大量的单孔类动物，简直可以叫作“单孔类的时代”。

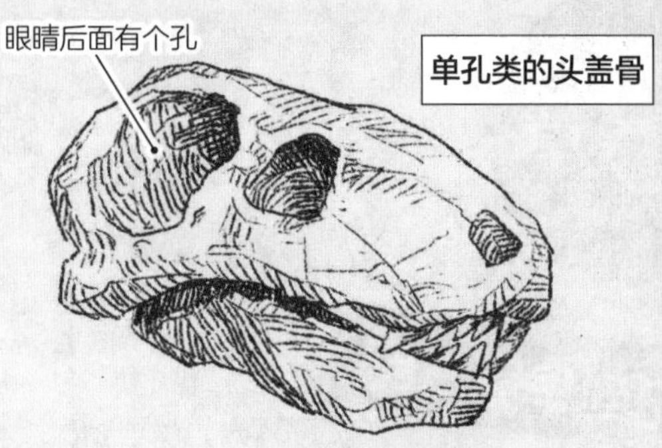

单孔类的特征是有一个颞孔

单孔类是指头盖骨上眼窝后面只有一个颞孔的动物。与之相对应的，爬虫类、鸟类则属于双孔类，它们都有两个颞孔。

异齿兽

早期的单孔类

早期的单孔类背上有被皮肤包裹的帆状物，并且头部较大，有锋利的牙齿，肉食性。另外，各种大小都有，身长1.7~3.5米不等。

单孔类中又分化出一个兽孔类分支

以丽齿兽为代表的兽孔类是从单孔类分化而来的。它们头部大，头盖骨坚硬，有粗壮的四肢。以麝足兽为代表的兽孔类身躯巨大，麝足兽身长约有5米，以植物为食。

二叠纪后期，出现了大量的兽孔类，如下图的双齿兽，它们身长只有45厘米左右，看起来像小狗一样，它们在地上挖洞作为自己的巢穴，并生活在里面。

双齿兽

麝足兽

第3章
三叠纪到早第三纪

从哺乳类到灵长类时期

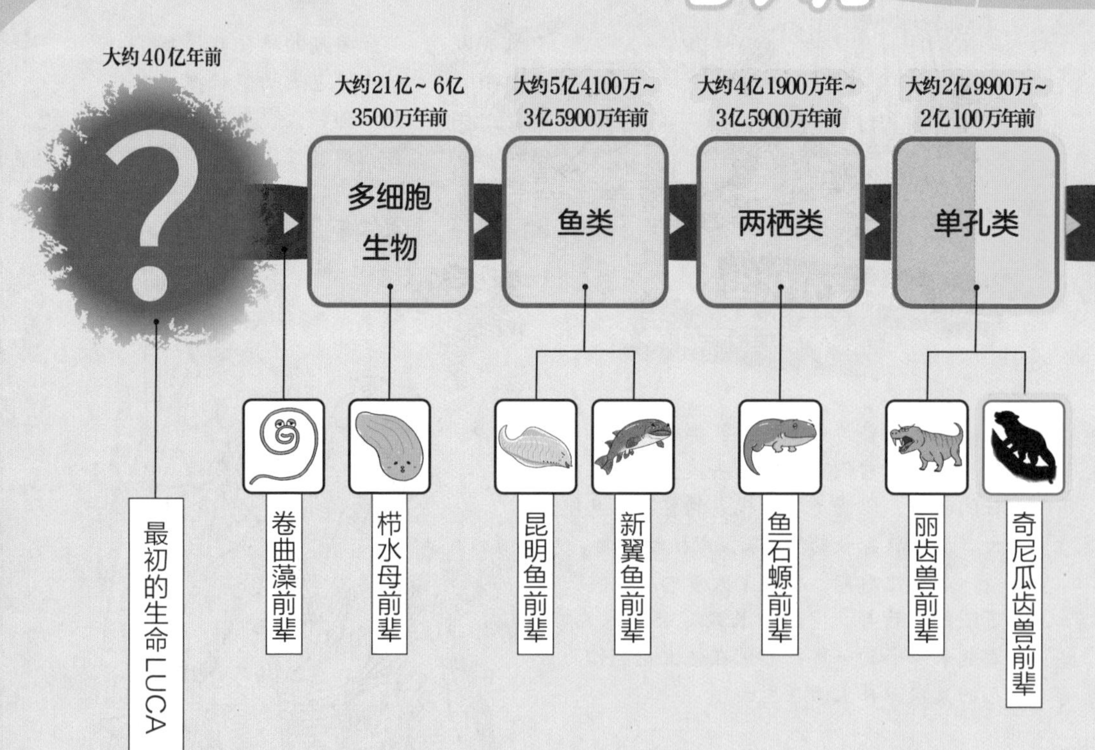
大约40亿年前
大约21亿~6亿3500万年前
大约5亿4100万~3亿5900万年前
大约4亿1900万年~3亿5900万年前
大约2亿9900万~2亿100万年前
?
多细胞生物
鱼类
两栖类
单孔类
最初的生命LUCA
卷曲藻前辈
栉水母前辈
昆明鱼前辈
新翼鱼前辈
鱼石螈前辈
丽齿兽前辈
奇尼瓜齿兽前辈

在陆地上生活的人类祖先因为各种可怕的恐龙而困苦不堪。在第3章，我们就来看看最弱的前辈们是如何藏在恐龙王国的角落里偷偷地生活的！

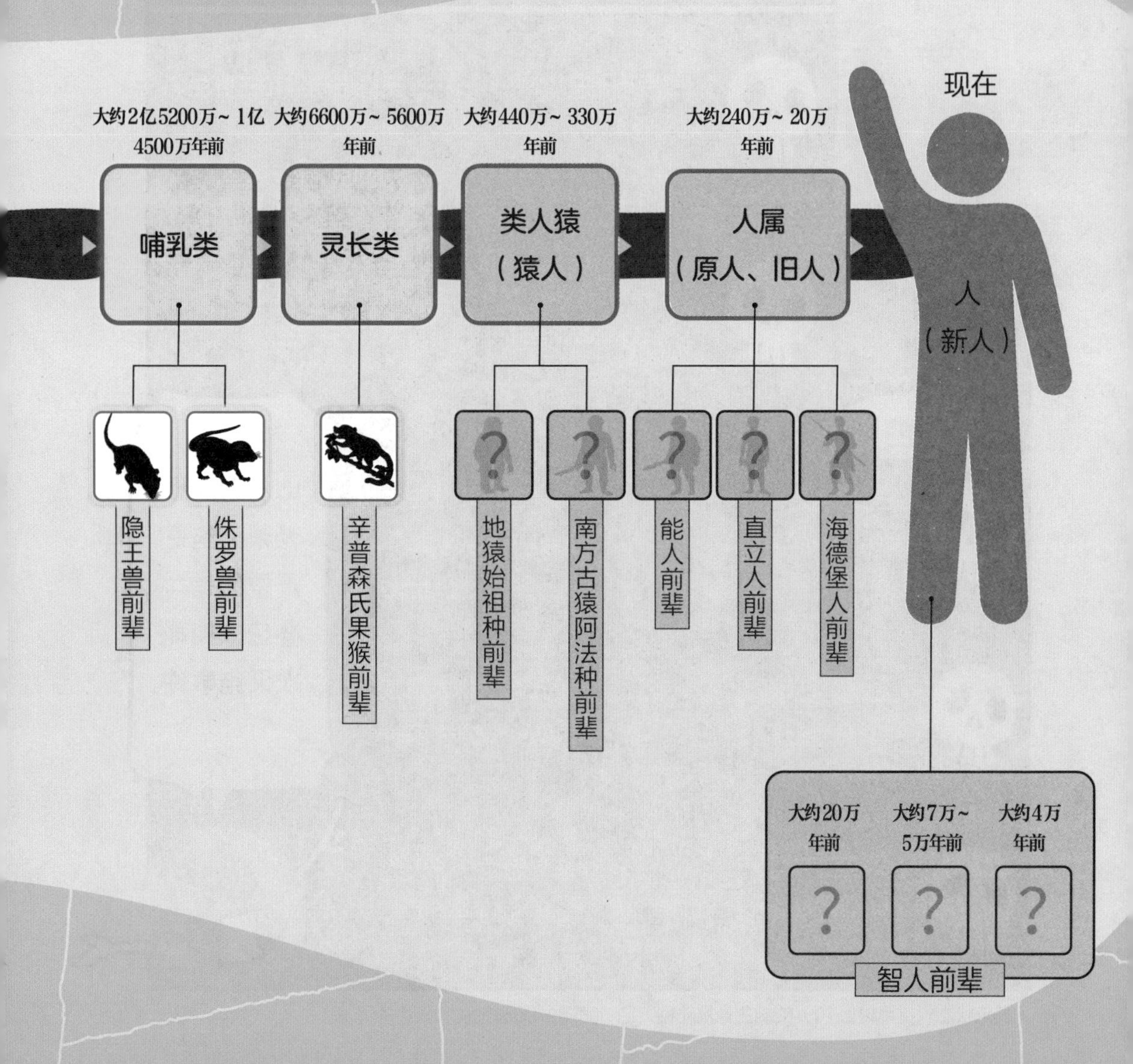

氧气不足，已经头晕眼花

地球上发生过很多次大灭绝事件，

你好！我是地球。

5次！

其中规模比较大的有5次。

我来介绍一下大灭绝团队的成员。

1 奥陶纪末期…………无脊椎动物和三叶虫急剧减少！
（大约4亿4400万年前）
（→第43页）
大约85%的生物灭绝。

2 泥盆纪后期…………海洋生物急剧减少！
（大约3亿7500万年前）
大约75%的生物灭绝。

3 二叠纪末期…………海洋生物和陆生生物都处于毁灭状态*！
（大约2亿5100万年前）
（→第66页）
大约96%的海洋生物灭绝。

4 三叠纪末期…………单孔类动物大量减少！
（大约2亿年前）
（→第86页）
大约80%的生物灭绝。

5 白垩纪末期…………非鸟恐龙全部灭绝！
（大约6600万年前）
（→第92页）
大约75%的生物灭绝。

比有名的恐龙大灭绝更严重的是二叠纪末期那次灭绝事件。

*毁灭状态：指地球上70%的陆生脊椎动物灭绝，海洋中96%的生物灭绝的情况。

*P/T：P是二叠纪（Permian）的首字母，T是三叠纪（Triassic）的首字母。

三叠纪
二叠纪末期的大灭绝事件导致几乎所有生物都灭绝了。
这就是俗话说的盛极必衰……
但是我们的前辈兽孔类动物并没有完全灭绝。
总算活下来的兽孔类动物瞬间扩散到泛大陆的各处。
在现在的非洲、南极洲、亚洲、欧洲都发现了兽孔类的化石。
又是兽孔类的天下了！
我们的移动也证明了大陆漂移论。
水龙兽
（身长约1米）
这下三叠纪是兽孔类的天下了吧……
叮！
怎么可能！

到三叠纪中期左右，在氧气稀薄的世界里出现了两足行走的爬虫类动物。

恐龙

身体进化后，它们能在低氧环境中活动。

氧气这么少，我们也能正常活动！

之后将会迎来恐龙王国的时代……

不过那还早呢！

终于兽孔类中出现了一群完成了重要进化过程的动物——犬齿兽类。

之前因为环境的变化导致呼吸困难，

那么只能设法改变自己了。

其中一种就是我们的前辈奇尼瓜齿兽。

大约2亿5200万~2亿100万年前的祖先

奇尼瓜齿兽前辈

奇尼瓜齿兽属于兽孔类中的犬齿兽类。据研究发现，犬齿兽类是与后来的哺乳类关系密切的种群。它们看起来就像现在的老鼠一样，以昆虫等为食。

基本信息

名称　奇尼瓜齿兽
时期　三叠纪
大小　长约30厘米

被强敌恐龙追杀！

二叠纪之前地球上的氧气浓度很高，这对我们前辈来说是很有利的。但是，这个时期出现的菌类会分解枯萎的树木，这一过程会消耗氧气，释放出二氧化碳。如此一来，到了奇尼瓜齿兽登场的三叠纪时期，地球上的氧气已经变得很少了。

恐龙拥有一种类似于肺的特殊器官——气囊。这让它们在氧气稀薄的环境中也能轻松地呼吸。而我们的祖先单靠肺会感到呼吸困难，只能单方面被恐龙追捕。

尽可能多地吸收一点氧气。

这样下去，奇尼瓜齿兽就会被恐龙吃光灭绝了！因此它们对自己的身体进行了改造。首先，锻炼肋骨，让体内出现了一种叫作“横膈膜”的肌肉。利用横膈膜，它们可以在一次呼吸中吸入更多的氧气。另外，在口鼻之间出现了一个叫作“软腭”的结构，这样，它们在嘴巴进食的同时，也能用鼻子进行呼吸。因为地球上的氧气太少了，它们要尽可能多地吸入一些氧气。

三叠纪时期广泛分布的水龙兽

还有一些其他的兽孔类（单孔类）动物在二叠纪的大灭绝中存活了下来，如水龙兽。它们在陆地迁移过程中，逐渐分散到现在的非洲、南极洲、欧洲、亚洲各地，后来因为适应不了低氧环境而灭绝了。

多亏了横膈膜和鼻式呼吸

成功活下来了！

身体的这些改变终于让奇尼瓜齿兽在恐龙的眼皮底下得以逃生了。

现在我们身体里的横膈膜，以及我们习以为常的鼻式呼吸，都是前辈们为了活下来而做出的重要改变。

人类诞生的故事 8

三叠纪

恐龙太强了

三叠纪初期到中期

总算在氧气稀薄的环境中生存下来的单孔类。

虽然氧气稀薄，但不影响行动。

咔嚓！

咔嚓！

奇尼瓜齿兽
（身长约30厘米）

伊斯基瓜拉斯托兽
（身长6~7米）

三叠纪末期

拥有特殊呼吸器官的恐龙更能适应低氧环境。

埃雷拉龙
（身长6~7米）

哈哈，接下来是我们的时代了！

不仅态度嚣张，身体都变大了。

哒哒！

哒哒！

弱小群体不知不觉间……

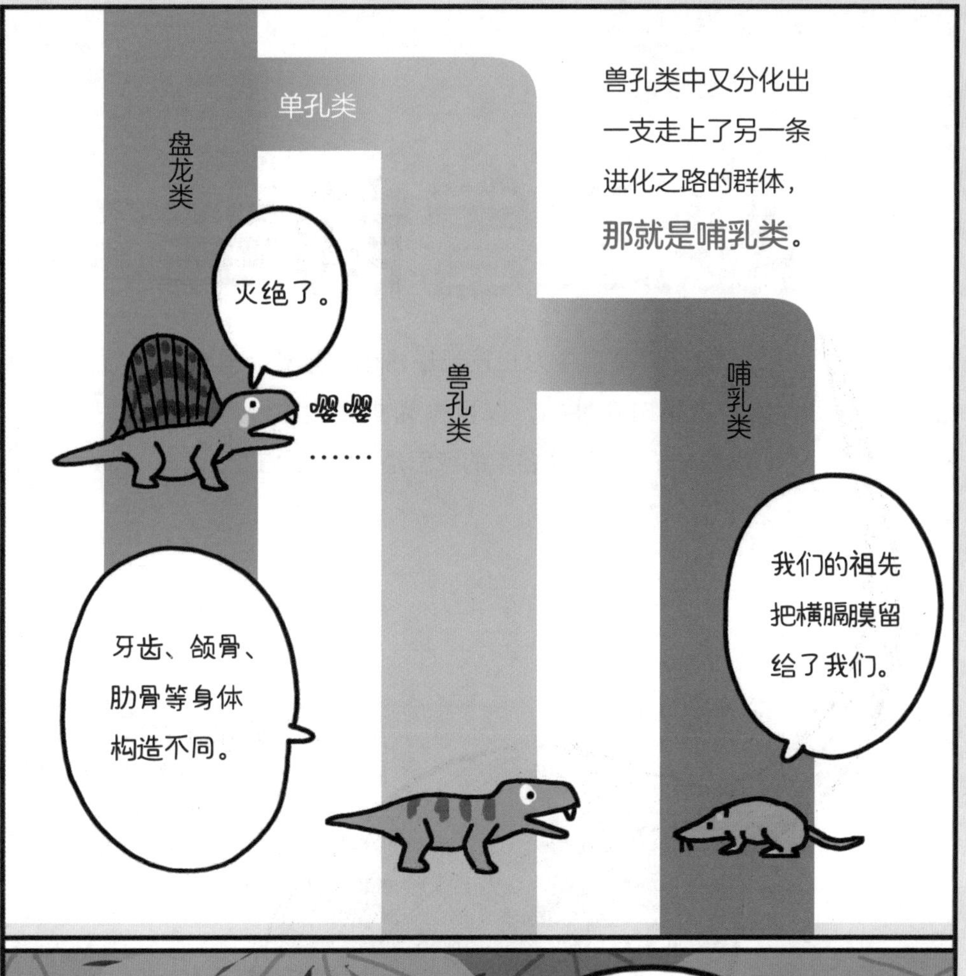

单孔类
盘龙类
兽孔类中又分化出一支走上了另一条进化之路的群体，那就是哺乳类。
灭绝了。
嘤嘤……
兽孔类
哺乳类
我们的祖先把横膈膜留给了我们。
牙齿、颌骨、肋骨等身体构造不同。

其中就有迄今为止发现的最古老的原始哺乳动物——隐王兽。
不想见的家伙，不见不就行了？
隐王兽前辈
恐龙好可怕！
等等！嗯？
隐王兽前辈是一种怎样的生物呢？

大约2亿5200万~2亿100万年前的祖先

隐王兽前辈

隐王兽是迄今为止发现最古老的原始哺乳类动物。它是肉食性的，以昆虫为主要食物。隐王兽（*Adelobasieus*）这个名字的意思是“隐匿之王”“低调之王”。

基本信息

名称	隐王兽
时期	三叠纪
大小	长10~14厘米

变成了恐龙的口中餐！

从兽孔类中分化出来的哺乳类是一直存续到现在的生物种群，其中包括我们人类。为了适应氧气稀薄的环境，兽孔类动物的身体已经变得更利于呼吸了。可是，这个时期的哺乳类动物体形都很小，例如三叠纪后期出现的隐王兽，它们基本上和老鼠差不多大。

另外，恐龙的身躯则越变越大，种类也增加了。身体弱小的哺乳类实在不是恐龙的对手，只能沦为恐龙的口中餐，每天都在死亡的阴影下担惊受怕地生活着。

因为弱，才变成这样！

只能在没有恐龙的夜里活动

变成夜行性动物，过上隐匿的生活。

对弱小的哺乳类前辈们来说，白天活动是危险的，很容易被恐龙发现甚至吃掉。因此它们白天会安静地躲起来，然后等到夜里恐龙睡着以后再出来觅食。

但是夜里活动也有问题，夜里不仅黑还很冷。幸好隐王兽拥有非常灵敏的耳朵、黑暗中可视物的眼睛及敏锐的嗅觉，这使得它们可以在黑暗的森林中来回穿梭。此外，哺乳类动物能将吃进去的食物转化为能量

过上夜行生活

使身体发热，且它们体外还覆盖着体毛，这些都可以让它们的体温保持在一个较高的水平。

就这样，因为能够在黑暗、寒冷的夜里活动，所以它们在没有可怕的恐龙的夜晚世界中存活了下来。

佚罗纪

一直被恐龙吃，繁育后代变得很困难

三叠纪末期

再次发生了大灭绝事件。

地球上的陆地和海洋生物至少灭绝了一大半。

原因很可能是大型火山的喷发。

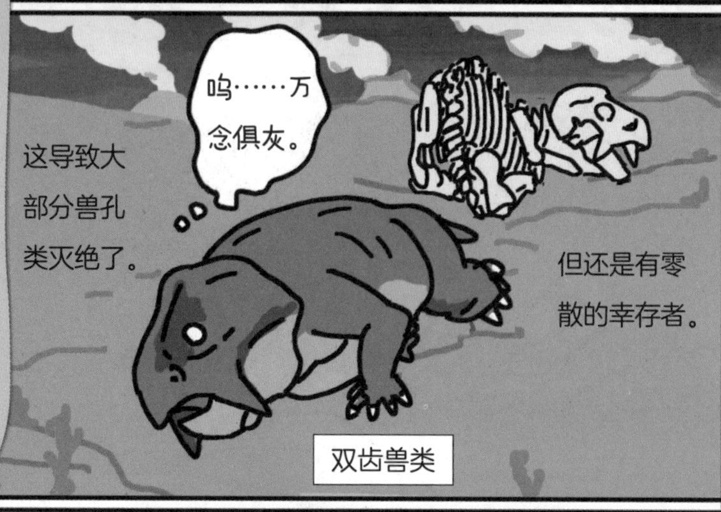

侏罗纪
它们后来成了陆地上的霸者。
迷惑龙
接下来是我们的天下啦。
异特龙
剑龙
说起我们哺乳类的祖先……
悄悄的……
在这里！它们还活着！
侏罗纪的前辈
有点像老鼠，却不是老鼠哦。
侏罗兽前辈
侏罗兽前辈是一种怎样的生物呢？

大约2亿100万~1亿4500万年前的祖先

侏罗兽前辈

侏罗兽属于哺乳类中的“真兽类”种群。它是最古老的真兽类哺乳动物，是现在所有有胎盘类哺乳动物的亲戚。侏罗兽（*Juramaia sinensis*）的名称的意思是“来自中国的侏罗纪母亲”。

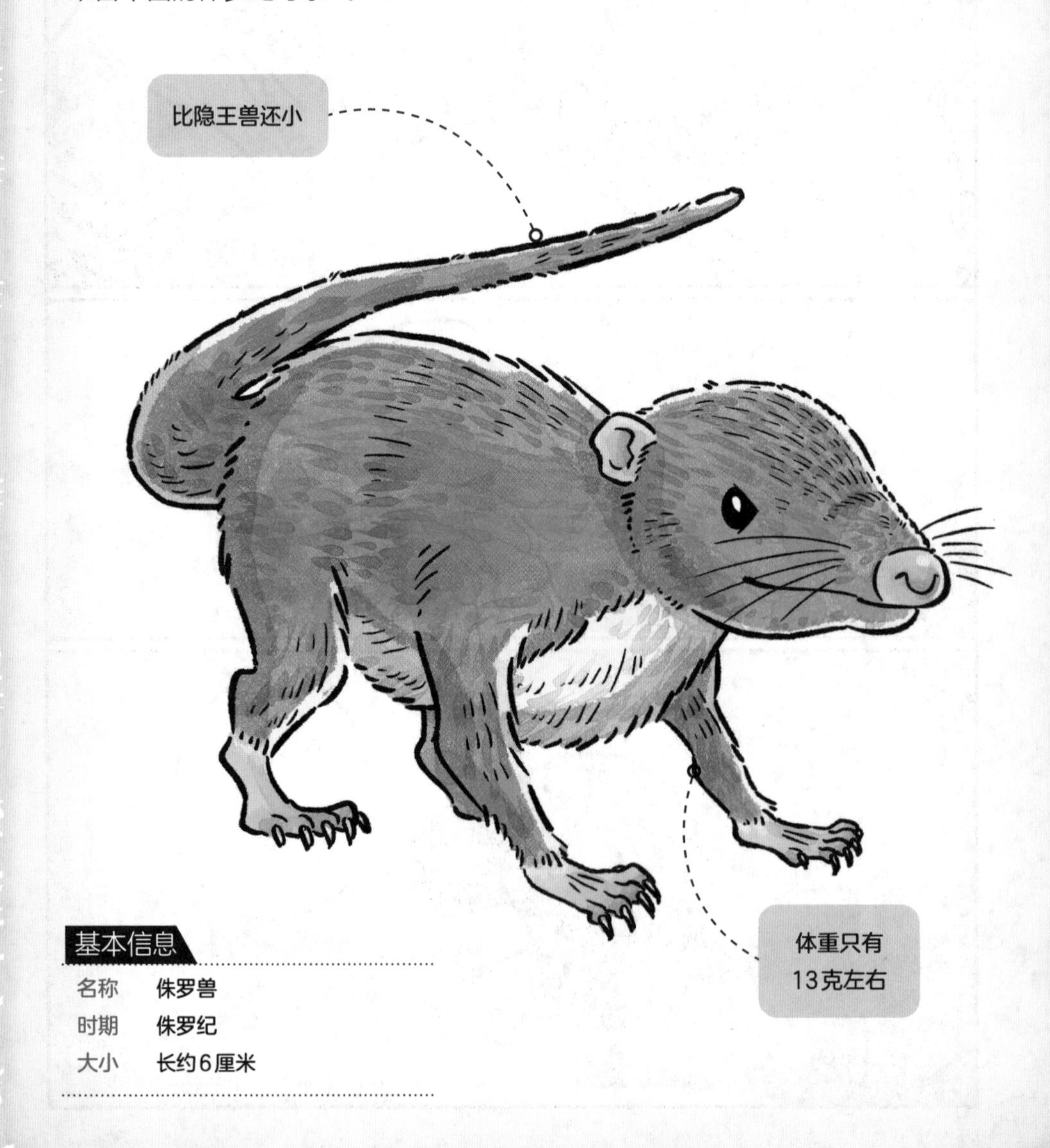

基本信息

名称	侏罗兽
时期	侏罗纪
大小	长约6厘米

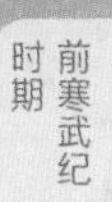

但是我们的前辈们太弱了……

生蛋的话，都会被恐龙吃掉！

躲开可怕的恐龙活下去！

三叠纪结束进入侏罗纪以后，地球的气候稳定了，出现了广阔的森林。植食性恐龙变得越来越大，而以植食性恐龙为食的肉食性恐龙数量也大大地增加。

陆地成了恐龙的天下，我们的祖先依然默默地过着夜行生活。但是出现了一个问题，那就是怎么才能成功地繁育后代。恐龙等爬虫类动物都是靠生蛋来繁衍后代的。但是对我们的前辈们来说，周围遍布敌人，生了蛋以后它们是没有办法花很长时间来孵化蛋的。

因为弱，才变成这样！

那就在肚子里把孩子养大吧！

肚子里的孩子没事吧？

嗯。嗯。

进化出能直接生出小宝宝的身体！

在每天都面临着激烈的生存竞争的侏罗纪，我们的前辈侏罗兽进化出了一种划时代的繁育后代的方式。真兽类的特征是雌性的体内有“胎盘”。胎盘是一种只有在母亲的腹中孕育胎儿的时候才会出现的特殊脏器。因为有了胎盘，孩子可以在母亲的肚子里长到一定程度再出生。顺便一提，人类女性也继承了胎盘，我们和前辈们繁育后代的方式是一样的。

在腹中养育孩子

相比生蛋的时候，此时的前辈们能够更好地保护自己的孩子了。

从侏罗纪到白垩纪，在延续了约1亿6500万年的恐龙王国的偏僻角落里，我们的前辈们一直在认认真真地繁衍着子孙后代。

但是！还是

灭绝！

白垩纪共延续了长达7900万年。到白垩纪末期，发生了地球上最后一次大灭绝事件！直径超过10千米的巨大陨石撞上了地球！

这次撞击导致几乎所有的恐龙都灭绝了，大约75%的哺乳类、鸟类、爬虫类、两栖类等生物消失了……

人类的前辈会怎样呢？

继续……

人类诞生的故事

10

早第三纪

恐龙之后是可怕的鸟

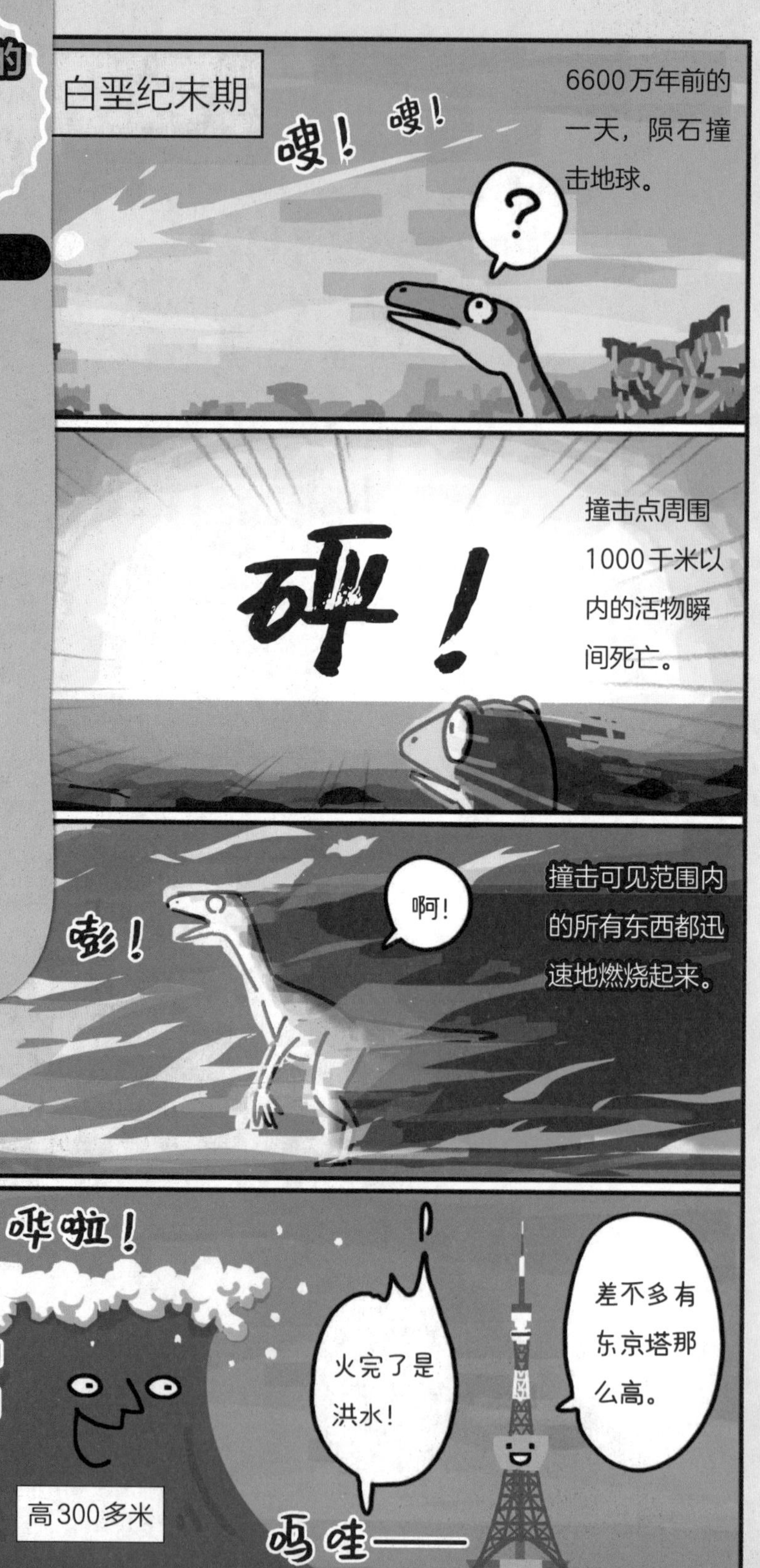

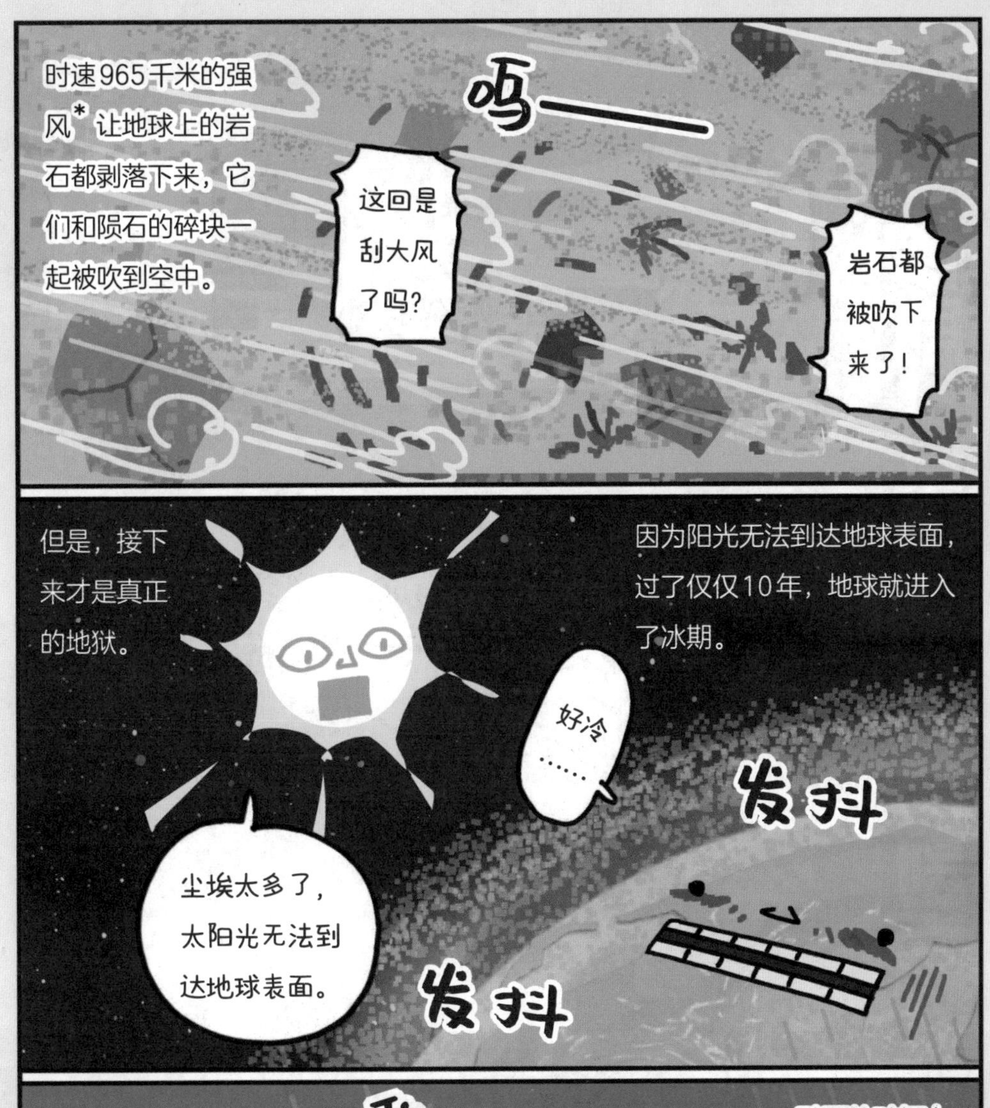

*时速965千米的强风：强度大致相当于能吹翻行驶中的卡车的台风的5倍。

惨剧！恐龙灭绝的剧本！

就这样，非鸟类恐龙渐渐消失了！

但哺乳类前辈们却活下了来！

一部分恐龙以鸟的姿态在大灭绝中存活了下来。这就是恐鸟。
新生代以哺乳类和鸟类的生存竞争为开端。
冠恐鸟
（身长约2米）
我不会轻易把这个星球的霸权交出去的！
啊！好大！
不要吃我。
不会吃你的！虽然我看着可怕，但我是素食主义者*哦。

这时，哺乳类中出现了灵长类种群。
陆地上有讨厌的家伙。
那我去别的地方。
最古老的灵长类动物之一就是辛普森氏果猴前辈。
辛普森氏果猴
辛普森氏果猴前辈是一种怎样的生物呢？

* 冠恐鸟是植食性动物。

大约6600万~5600万年前的祖先

辛普森氏果猴前辈

辛普森氏果猴是哺乳类中的灵长类动物。灵长类主要是猴的同类，也包括人类在内，特征是拥有可以抓握东西的手脚，眼眶朝向前方等。辛普森氏果猴是人类已知最古老的灵长类祖先。

基本信息

名称	辛普森氏果猴
时期	早第三纪
大小	长约13厘米

但是我们的前辈们太弱了……

陆地被鸟统治，无处安身！

嗷——

嗷——

恐龙之后又被鸟追赶！

在大约6000万年前的大灭绝事件中，我们前辈曾经最大的敌人——恐龙几乎都消失了。本以为终于要到前辈们的时代了，结果新生代早第三纪出现了大型鸟类——“恐鸟类”。恐鸟类是由大灭绝中存活下来的鸟类进化而来。它们比辛普森氏果猴大好多倍。它们虽然叫鸟类却不会飞，只能肆意地在陆地上奔跑。虽然恐鸟类是植食性的，前辈们不用担心被吃掉，但还是没有办法与这些大鸟和平地在地面上共同生活。

因为弱，才变成这样！

开始在树上生活

逃到了没有恐鸟类的树上！

地面上有很多又大又可怕的恐鸟类，灵长类根本找不到能够安心生活的地方，于是辛普森氏果猴决定到树上生活。在高大的树木上生活就不必在意陆地上的恐鸟类了，而且还能获得丰富的食物，如树上的各种果实等。灵长类的辛普森氏果猴拥有它们的祖先所没有的灵活的手脚，拇指（趾）和其他四指（趾）对握就能轻松地抓住东西。因此，它们能够

冠恐鸟等恐鸟类已经都灭绝了

在早第三纪，恐鸟类统治了陆地，但是因为不会飞，逐渐大型化的哺乳动物的捕食让它们彻底灭绝。而能在空中飞翔的鸟则活了下来，直到现在。

因为可以在树上安心地生活

抓握、攀缘树枝，在树上生活完全没有问题。

前辈们就这样在树上过上了安定的生活。树上乐园般的生活让灵长类获得暂时的平静，它们得以进一步进化，逐渐发展出更多分支……

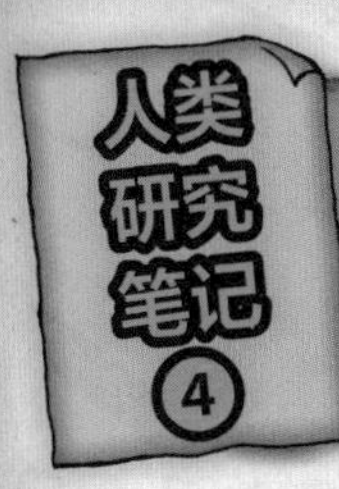

从兽孔类到哺乳类再到灵长类

奇尼瓜齿兽（➡第76页）

隐王兽（➡第82页）

侏罗兽（➡第88页）

辛普森氏果猴（➡第98页）

三叠纪是中生代的开始，当时的陆地只有一块泛大陆。三叠纪末期的时候，泛大陆开始分裂；到了侏罗纪时期，大陆已经分裂为南北两块；白垩纪的时候大陆进一步分裂；等到新生代早第三纪的时候，大陆形状已经和现在很接近了。全球气候温暖，在这样的条件下，人类祖先从卵生的哺乳类进化为胎生的真兽类、灵长类。

恐龙的天堂——中生代时期陆地的样子

中生代是恐龙空前繁荣的时期，甚至可以称为恐龙时代。

中生代三叠纪的样子

大陆都连在了一起，形成了一块超级大陆——泛大陆。内陆地区因为远离大海，降雨少，所以出现了大片的沙漠。森林中都是繁茂的针叶树种，如蕨类、苏铁类、原始杉类等。

中生代侏罗纪的样子

泛大陆分裂为南北两块，全球气候变暖。两块大陆上的恐龙开始走上各自进化的道路。恐龙不断大型化，种类也增加了。森林里的植物种类增加，有针叶类的高大树木和银杏等。

中生代白垩纪的样子

随着大陆进一步分裂，地球上的陆地形状已经和现在很接近了。当时的气候比较温暖，平均温度比现在要高10℃左右。海平面上升，陆地上很多地方都变成了海。地面上能够开花的被子植物繁盛；出现了很多有名的恐龙，如霸王龙等。

类人猿时期

晚第三纪到第四纪

大约40亿年前

? 最初的生命LUCA

卷曲藻前辈

大约21亿～6亿3500万年前

多细胞生物

柿水母前辈

大约5亿4100万～3亿5900万年前

鱼类

昆明鱼前辈

新翼鱼前辈

大约4亿1900万年～3亿5900万年前

两栖类

鱼石螈前辈

大约2亿9900万～2亿100万年前

单孔类

丽齿兽前辈

奇尼瓜齿兽前辈

地球气候突然变冷，食物不足了！没办法，只能离开已经住惯了的森林。草原是个强敌遍布的可怕的地方……在第 4 章，前辈们继续过着苦日子，但他们开始用双脚直立行走了……

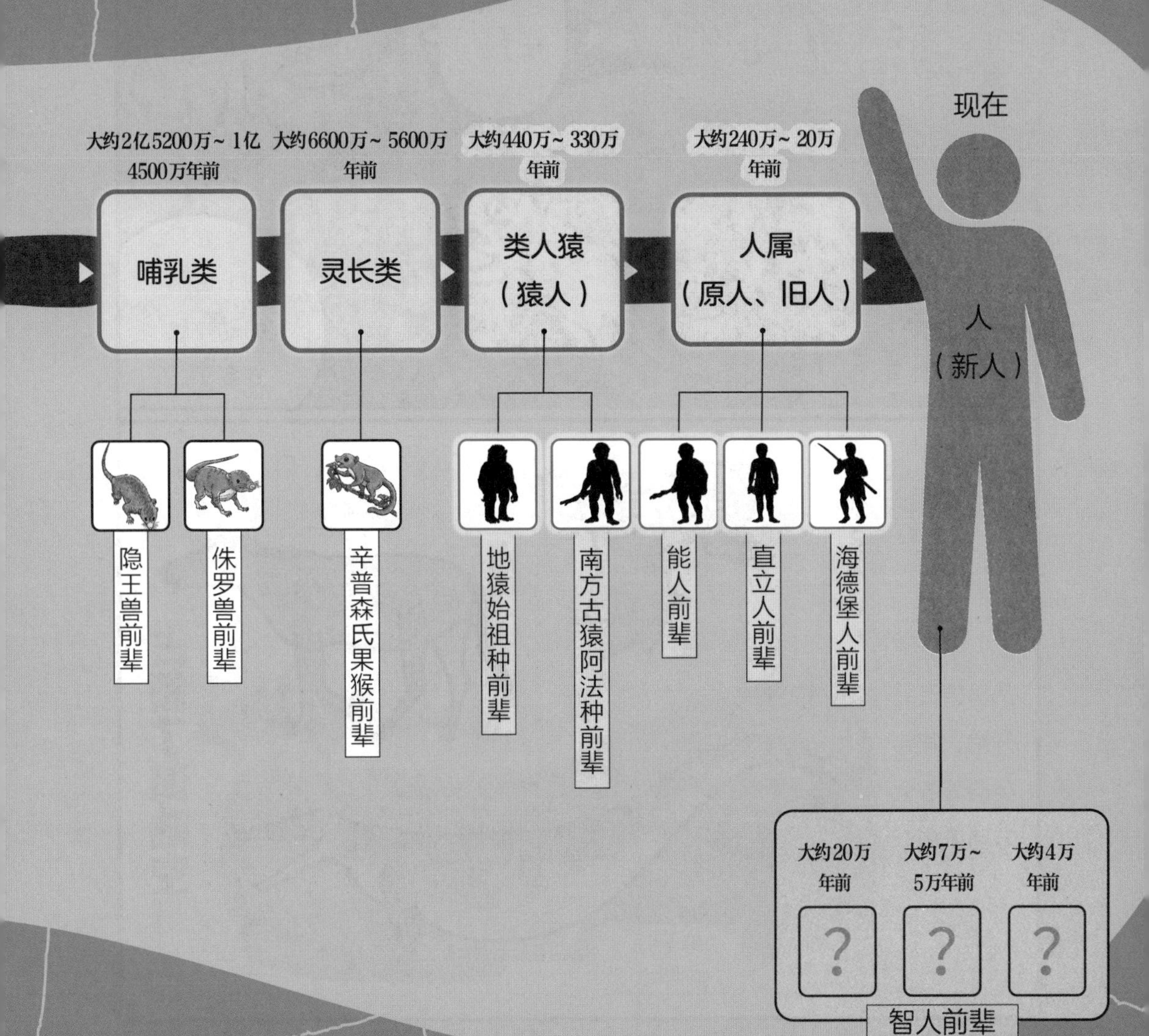

人类诞生的故事

11

晚第三纪

无法继续在树上生活了

*温暖化：因为陨石撞击地球导致二氧化碳、甲烷等大量温室气体产生，使地球的整体气温上升。

哺乳类中分化出来的灵长类动物的种类越来越多了。
中生代
白垩纪
早第三纪
晚第三纪
新生代
第四纪
近猴类
原猴类（狐猴、懒猴等）
眼镜猴类
阔鼻猴类（狨猴、蛛猴等）
狭鼻猴类（狒狒等）
类人猿
灵长类的眼睛都是朝向前方的，手脚的形状也便于抓握树枝。
眼睛朝前可以感知远近。
没有远近感就会从树上掉下来。
我左右鼻孔间距很宽。
我们的鼻孔间距很窄哦。
终于到了晚第三纪。

前寒武纪
时期
寒武纪
奥陶纪
志留纪
泥盆纪
石炭纪
二叠纪
古生代
三叠纪
侏罗纪
白垩纪
中生代
早第三纪
晚第三纪
第四纪
新生代

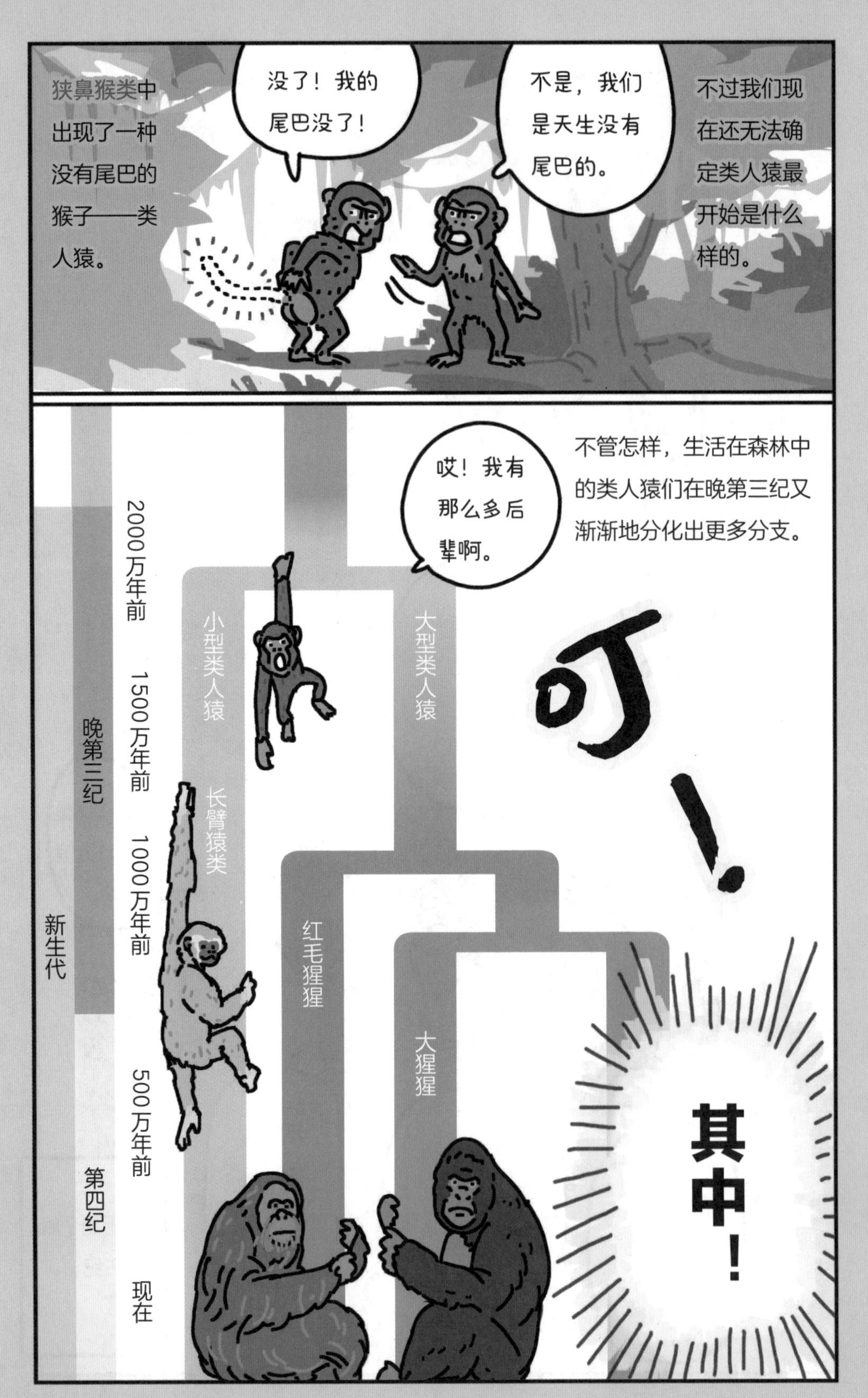
狭鼻猴类中出现了一种没有尾巴的猴子——类人猿。
没了！我的尾巴没了！
不是，我们是天生没有尾巴的。
不过我们现在还无法确定类人猿最开始是什么样的。
不管怎样，生活在森林中的类人猿们在晚第三纪又渐渐地分化出更多分支。
哎！我有那么多后辈啊。
叮！
其中！
新生代
晚第三纪
第四纪
2000万年前
1500万年前
1000万年前
500万年前
现在
小型类人猿
长臂猿类
大型类人猿
红毛猩猩
大猩猩

在大约700万年前的非洲大陆上，黑猩猩和倭黑猩猩的祖先与人类的祖先走上了两条不同的发展道路。
黑猩猩
哎？你去哪儿？
我往这边走了。

被看作人类祖先的是乍得沙赫人，但是……
那么，我是最早的人类喽？
早期猿人
乍得沙赫人
不，这还存在争议，
因为只发现了你们头骨的化石。
因此……

这是现今认为可能最早的人类的祖先。
我们给人类带来了巨大的改变！
我有它们直立行走的证据。
大约在400万年前出现了地猿始祖种前辈。
地猿始祖种
地猿始祖种前辈是一种怎样的生物呢？

大约440万年前的祖先

地猿始祖种前辈

类人猿是从狒狒的同类中分化出来的，地猿始祖种就属于类人猿种群。地猿始祖种又被称为始祖猿人或早期猿人。有证据证明它们已经开始直立行走了。它们的手脚与黑猩猩很像，而骨盆则与我们现代人类相似。

基本信息

名称	地猿始祖种（始祖猿人）
时期	晚第三纪
大小	身高约120厘米 体重约40千克

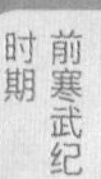

但是我们的前辈们太弱了……

地球上森林减少，没有食物了！

只有这点儿？

没了！

没了！

没了！

森林变得很拥挤，找不到食物！

从灵长类分化出来的类人猿们悠闲地生活在森林里的大树上，那里食物充足。但是，情况突然发生了变化！地球内部构造之一的地幔层偶然一次上升，致使非洲大陆不断隆起一座座高山。从海洋吹来的湿润空气因为受到高山的阻隔不能深入大陆内部，所以大地变得干涸，森林渐渐地减少，取而代之的是非洲大陆上出现的广阔的草原。

既然居住在森林中已经无法获得充足的食物，没办法，地猿始祖种前辈们只能去其他地方寻找食物。

因为弱，才变成这样！

为了寻找食物，尝试去很远的森林中冒险

从安全的树上下来，去远处觅食！

为了获取食物，地猿始祖种前辈们决定从安全的树上下来，到更远的森林中去寻找食物。也是这个时候，他们开始站直身体，用双脚行走了。这是人类进化史上最早的“双脚直立行走”！

因为能够双脚行走，所以地猿始祖种前辈们去很远的森林里收集果实后都可以用双手抱回来。另外，在穿越草原的时候，因为站直了身体，他们能够从很高的草丛里探出头来，这也更有利

于观察周围的情况。当然还有其他的原因，使地猿始祖种前辈们最终解决了食物问题。但是双脚奔跑的速度远远比不上四条腿奔跑，因而他们经常被肉食动物袭击以致丧命。到地面上觅食的生活虽然食物无忧，但也伴随着危险。

人类诞生的故事

12

晚第三纪

广阔的草原是猛兽的天堂

非洲大陆干燥的根本原因是大规模的地壳活动。

哎呀！由于山脉的阻隔，大西洋方向吹来的湿润空气无法到达大陆东侧。

咔嚓！

出现巨大的山谷*，山谷两侧是火山形成的山脉。

大陆东侧曾经都是热带雨林，因为干燥，变成了稀疏的草原，果实也变少了。

我采到果子了。

气喘吁吁

地猿始祖种前辈们并不是从树上下来后才学会用双脚直立行走的。

啊，吓死我了。

摇摇晃晃

爸爸好厉害！

踉踉跄跄

我丈夫是世界第一！

* 巨大的山谷：这里指的是长达约6400千米的大地裂缝——东非大裂谷。

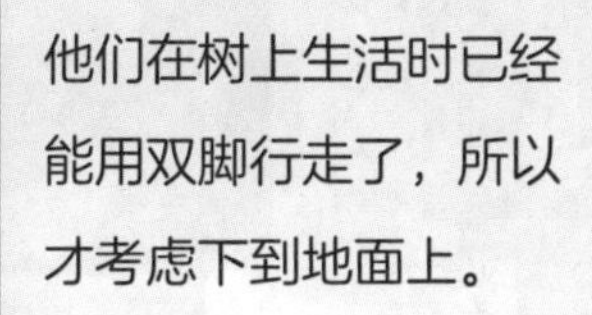
他们在树上生活时已经
能用双脚行走了，所以
才考虑下到地面上。

没办法啊！
真是的！
摇摇晃晃
踉踉跄跄

大概到了370万~300万年前，
干旱程度加剧，森林彻底消失，
只剩下了草原。
随处可见
以前

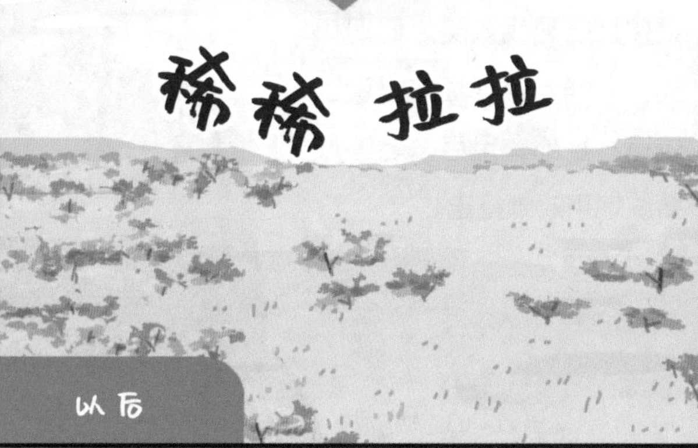
稀稀 拉拉
以后

这时开始在草原上
生活的猿人就是南
方古猿阿法种前辈。
真的没有
办法啊！
但是，草原是一个到
处有肉食野兽出没的
危险地带……
南方古猿阿法种
南方古猿阿法种前辈是一种怎样的生物呢？

大约370万~300万年前的祖先

南方古猿阿法种前辈

南方古猿阿法种，属于人属*的祖先。他们的头比地猿始祖种的头大，身体也更接近于现代人类。他们和我们一样，骨盆基本垂直且较宽；足部有足弓，能够很熟练地用双脚行走。

基本信息

名称	南方古猿阿法种
时期	晚第三纪
大小	身高100~155厘米 体重25~55千克

*人属：包括现代人类的属。

与死亡为伴！草原上的幸存者！

双脚行走的前辈们为了获得食物，不得不离开森林，来到草原上继续他们的旅程。但现实是残酷的！

草原上很少有森林里常见的各种果子，没办法，南方古猿阿法种前辈只能靠吃虫子和草根等过活。而且，与森林相比，草原上经常会遇到肉食动物，一旦相遇，由于两条腿跑不快，最终只会瞬间被追上吃掉！

与同伴组队对抗猛兽！

为了生存开始集体行动！

草原上一旦遇到食肉猛兽是没有地方躲避的，所以一个人出门太危险了。因此，南方古猿阿法种前辈想到了一个好办法：既然一个人不行，那大家一起行动不就行了！

他们开始集体行动，彼此保护着在草原上移动。身形较大的雄性保护弱小的孩子和雌性，手里空着的就帮忙搬运食物……大家就这样互相帮助着生活。有时他们甚至会结成 10 人以上的群体一起行动呢。

集体行动

尽管如此，在遭到肉食动物攻击的时候，他们还是只能选择逃跑。群体中跑得慢的，或是力气小、没有武器的，别人也帮不了他们，被吃掉在所难免。他们就是这样利用集体行动，在危险的草原上过着幸存者游戏般的生活。

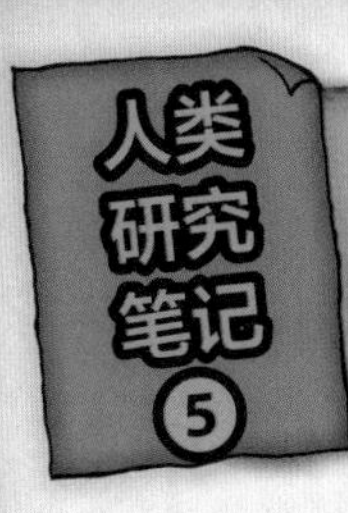

从早期猿人到猿人

大约440万年前

地猿始祖种（➡第110页）

大约370万~300万年前

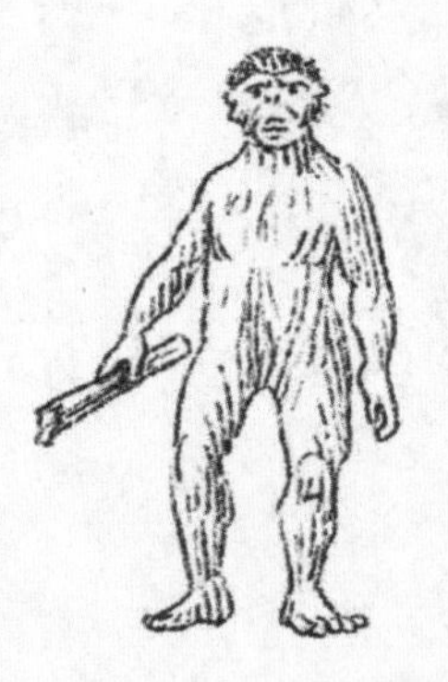

南方古猿阿法种（➡第116页）

到了新生代的晚第三纪，非洲大陆和欧洲大陆连在了一起，大陆的分布基本上和现在一样了。晚第三纪开始的时候，地球的气候还很温暖，之后渐渐变冷，大陆变得干燥，很多森林变成了草原。人类的祖先进化为在地面上生活的类人猿，他们开始“双脚直立行走”。

在草原上繁荣发展的哺乳类祖先们

到了新生代，哺乳类动物的祖先已经遍布世界。

秀犬

哺乳类的祖先接连出现

最古老的人类地猿始祖种出现在新生代晚第三纪。当时陆地上还出现了很多和现代动物非常相似的哺乳类，例如狗、狐狸、马、鹿的同类等。海里的鲸也分化出很多种。

狗、狐狸的祖先

肉食类哺乳动物，被认为是狗、狐狸、狼、郊狼、胡狼、貉的祖先，生活在森林里或草原上。

马的祖先

最古老的马的祖先，和现代马一样只有一趾，生活在草原上，以吃草为生。

象的同类

最古老的象类，高约3米，上下颚前突，长着巨大的象牙。

犀的同类

全身覆盖着长毛，是犀的同类，头上有一长一短两个角。

人类诞生的故事

13

第四纪

食物太少了，被逼入绝境

南方古猿阿法种前辈们的生活也更艰难了。

今日食谱

- 干豆子或草籽
- 叶、茎、根茎、球茎
- 昆虫或其幼虫

*剑齿虎、豹、植食性的犀等都会给人类祖先带来威胁。

有时也要吃其他动物的尸体或肉食动物吃剩下的东西。
这能吃吗？
什么能不能吃，这上面已经没东西可吃了吧？
我肚子饿得没力气了。

不过，大约240万年前，
太棒了，成功啦！
砰！
啪！
某位前辈的一个伟大发明解决了食物问题。

他就是早期原人——能人前辈。
改变人类饮食结构的进化发明之母。
从南方古猿属中进化出来最早的人属人类。
能人
能人前辈是一种怎样的生物呢？

大约240万~160万年前的祖先

能人前辈

能人是从猿人进一步进化而来的人类，也可以称为原人。他们的体型与南方古猿阿法种差不多，但是脑容量是南方古猿阿法种的1.5倍。能人（*Homo habilis*）这个名称的意思是“手巧的人”。

基本信息

名称	能人
时期	第四纪
大小	身高100~150厘米 体重25~50千克

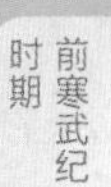

但是我们的前辈们太弱了……吃不了硬的食物！

想吃骨髓，但骨头太硬了，吃不到……

到了能人的时候，非洲大陆变得更加干燥了，草原上的食物也越来越少。我们的能人前辈们不得不寻找鬣狗等动物吃剩下的腐肉来吃，有时还要忍受饥饿。

一次，能人前辈在吃腐肉的时候，偶然发现折断的骨头中间有能吃的东西——骨髓，一种能够提供丰富营养的食物。

可是，徒手或用牙齿都不能把坚硬的骨头弄断，能人没有办法吃到骨髓……

史上第一次！发明石制工具来获取食物！

第一次使用石制工具！

要吃到骨髓就必须把骨头弄断。能人前辈们不断地用身边的石块试验，终于发明出能够把骨头敲断的石制工具！当然，这只是想象出来的情节，实际上能人到底是如何开始使用石制工具的，我们还不知道。不过，很有可能就是像这样在寻找食物的过程中偶然发明出来的。

手巧的能人渐渐地开始用石头制作各种工具。他们用石制工具来敲断骨头

吃骨髓，也用石制工具来分割动物的肉和皮毛。因为要思考工具的使用方法，那些脑容量大的一般都更聪明，也更容易存活下来，所以能人的脑容量变得越来越大。

后来，他们懂得了在找到食物后，先用石制工具将食物分割成小块，然后把食物带回到有同伴等候的安全的地方再一起吃。这个安全的地方就可以看作是最早的家了。

有石制工具也吃不饱

＊体力：这里指长距离移动中所需的耐力、奔跑力量等。

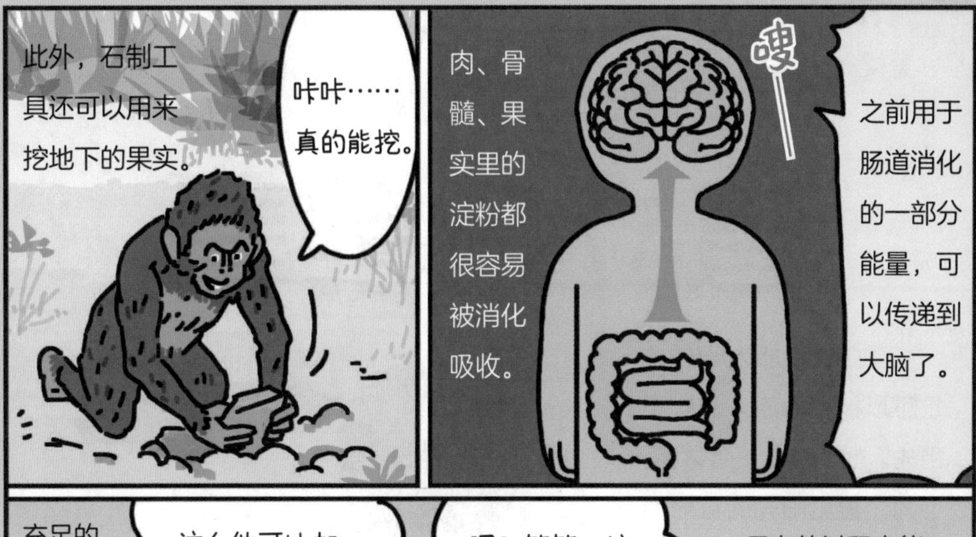

此外，石制工具还可以用来挖地下的果实。
咔咔……真的能挖。
肉、骨髓、果实里的淀粉都很容易被消化吸收。
嗖
之前用于肠道消化的一部分能量，可以传递到大脑了。

充足的营养保证了大脑的全力运转！
这么做可以加快分割动物尸体的速度……
嗯？等等，这样的话，工具的形状最好也改一下……
思考的过程中能人的脑容量一点点变大了。
说起来，寻找腐肉效率太低了……

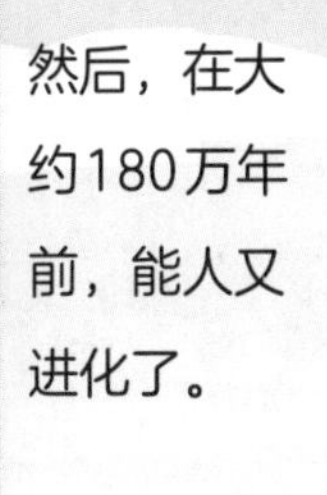

然后，在大约180万年前，能人又进化了。
我想到了一个比寻找腐肉更好的办法！
这就是中后期原人——直立人前辈。
直立人
直立人前辈是一种怎样的生物呢？

大约180万~5万年前的祖先

直立人前辈

直立人和能人一样也是可以被称为原人的人类祖先。他们基本没有体毛，但为了避免阳光的直射而长出了头发。直立人的大脑容量比能人大了将近一倍。研究认为，最早使用火的就是直立人。

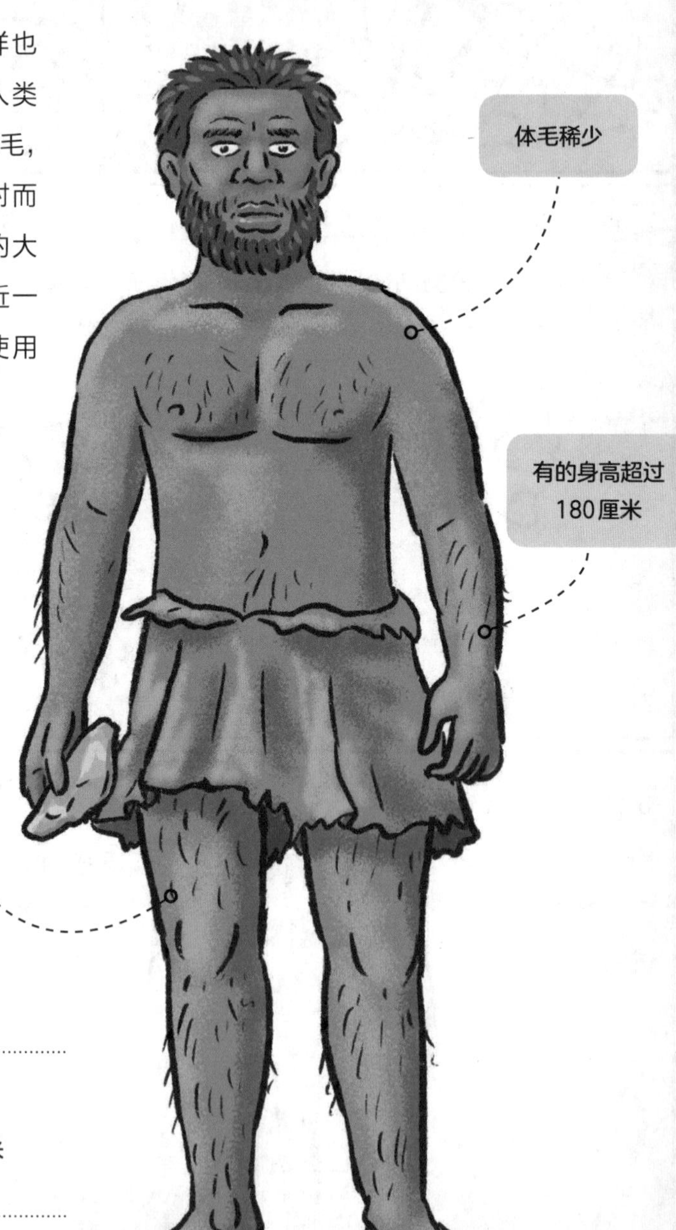

基本信息

名称	直立人
时期	第四纪
大小	身高140~180厘米 体重40~70千克

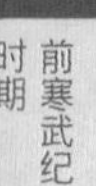

但是我们的前辈们太弱了……

寻找腐肉太难了！

找不到腐肉，还会被肉食动物袭击……

直立人从能人那里继承了使用石制工具的技能，他们继续在草原上生活。他们用石制工具获取腐肉，也用石制工具在地上挖东西吃。

但是在广阔的非洲草原上寻找腐肉是很困难的。有时候走上一整天也找不到一点腐肉，运气不好的话还会被肉食动物袭击甚至吃掉。是的，寻找腐肉是效率非常低的一种觅食方式，他们必须要找到更有效的获取食物的方法了！

制作武器，开始狩猎

从猎物变成了狩猎者，角色大逆转！

寻找腐肉的效率太低了，直立人决定自己制作武器，抓捕动物，获取肉食。这是人类历史上第一次挑战狩猎！

为了狩猎，直立人必须用更加稳健的直立行走姿势进行长距离的移动。慢慢地，他们的手臂变短了，而腿变长了。此外，他们一直在比较炎热的环境下到处移动，体毛因此渐渐地变得稀少，身体开始通过出汗来防止体温升高。通过出汗来调节体温是人类的重要特征。

嗷！！
人类的狩猎导致很多大型哺乳动物灭绝了！
当时的非洲大草原上有很多大型的哺乳动物，如剑齿虎等，但因为人类从直立人时起开始狩猎，导致它们中的很多动物彻底灭绝了。
学会狩猎了
直立人会和伙伴们一起追赶猎物。他们会等到猎物跑累了，凭借着出色的耐力，再用自己制作的标枪一样的武器捕获猎物。就这样，他们过上了真正的狩猎生活。
成功活下来了！
即使力气不够也能获胜！
时期
前寒武纪
古生代
寒武纪
奥陶纪
志留纪
泥盆纪
石炭纪
二叠纪
中生代
三叠纪
侏罗纪
白垩纪
新生代
早第三纪
晚第三纪
第四纪

第四纪

离开非洲还是留下

* 因为有的肉食动物以食草动物为食，直立人的狩猎导致食草动物减少，肉食动物中的一部分也就逐渐灭绝了。

这时离开非洲的直立人后来都灭绝了。
咦？这样吗？
当然也有选择留在非洲的。
北京原人
爪哇原人

然后，60万年前，他们中间出现了一个身材魁梧、头脑发达的新人种。
非洲真是最好的地方！
还是这里最好。
他们积极地狩猎、吃肉，不断进化。
你给我停下！
我的晚饭！

那就是旧人海德堡人前辈。
应该留在本地呢，还是应该去看看外面广阔的世界呢？
这是个问题。
他们是介于原人和新人之间的存在。
海德堡人
海德堡人前辈是一种怎样的生物呢？

大约60万~20万年前的祖先

海德堡人前辈

他们是被称为旧人的人类祖先。他们身体结实，脑容量有直立人的大约1.3倍大，但是比现代人要小一点。他们有很好的理解能力，有可能已经会说话了。他们的行为更接近现代人类了。

基本信息

名称	海德堡人
时期	第四纪
大小	身高145~185厘米 体重50~80千克

但是我们的前辈们太弱了……

因为胆小，被同伴抛下了！

害怕新地方……

海德堡人前辈是从留在非洲大陆的直立人中进化出来的。他们已经完全习惯了狩猎生活，对他们来说，动物很多的非洲大陆就是个食物充足的乐园。

但是有一天，一些富有冒险精神的同伴离开了非洲大陆，他们想要去看看外面未知的世界。前辈们被这些同伴抛下了，留在了非洲大陆……

那么，前辈们要不要追随同伴的脚步呢？

好幸运！留在非洲，生活更轻松！

因为胆小而走上了稳定的进化之路！

结果，海德堡人没有去追随同伴，而是选择留在非洲继续生活。长时间稳定的生活让他们的身心都得到了更大程度的进化！

他们有了关怀之心，会因为同伴的死亡而感到悲伤，还会悼念死者。他们开始有了死亡和时间的概念，甚至有可能已经会说话了。另外，他们的外

貌也发生了变化。因为学会了使用火来加工食物，他们不再需要大力地撕咬食物，所以牙齿和下颌慢慢地都缩短了，脸型更接近现代人了。

那些走出非洲的同伴中，一部分人来到了欧洲西北部。那里十分寒冷，日照不足，他们的日子过得非常苦……

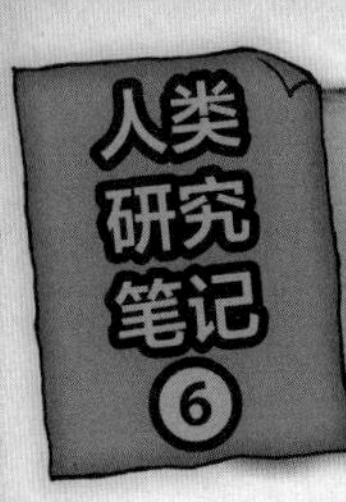

从原人到旧人

大约240万~160万年前

能人

（➡第124页）

大约180万~5万年前

直立人

（➡第130页）

大约60万~20万年前

海德堡人

（➡第136页）

新生代第四纪已经是我们现在生活的时代了。进入第四纪，北半球出现了大的冰川，大陆形状也变得和现在一样了。从整个地球的历史来看，地球正处于较温暖的冰期（也叫作间冰期）。非洲大陆上出现的人类祖先已经长得越来越像现代人了。

会用火的人类

人类历史上是从什么时候开始用火的呢？第一个学会用火的是直立人吗？

我们在直立人曾经生活过的地方发现了使用火的痕迹，据此推断直立人可能已经开始用火烤肉吃了。用火烤过的食物更容易消化，所以直立人可以吃进更多的食物。有学者认为，进食更多的食物是直立人脑容量变大的原因之一。除了加工食物以外，直立人在很多地方都能用到火。

各种各样的用火方法

用火取暖

用火制作食物

用火照明

用火驱赶野兽

第5章 智人时代

第四纪

大约40亿年前

?

最初的生命LUCA

大约21亿~6亿3500万年前

多细胞生物

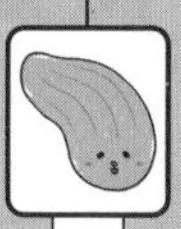

卷曲藻前辈

栉水母前辈

大约5亿4100万~3亿5900万年前

鱼类

昆明鱼前辈

新翼鱼前辈

大约4亿1900万年~3亿5900万年前

两栖类

鱼石螈前辈

大约2亿9900万~2亿100万年前

单孔类

丽齿兽前辈

奇尼瓜齿兽前辈

还不够强大的智人，用他们的头脑，通过同伴间的通力合作，最终在弱肉强食的世界里活了下来……第5章，我们智人终于要登场了！

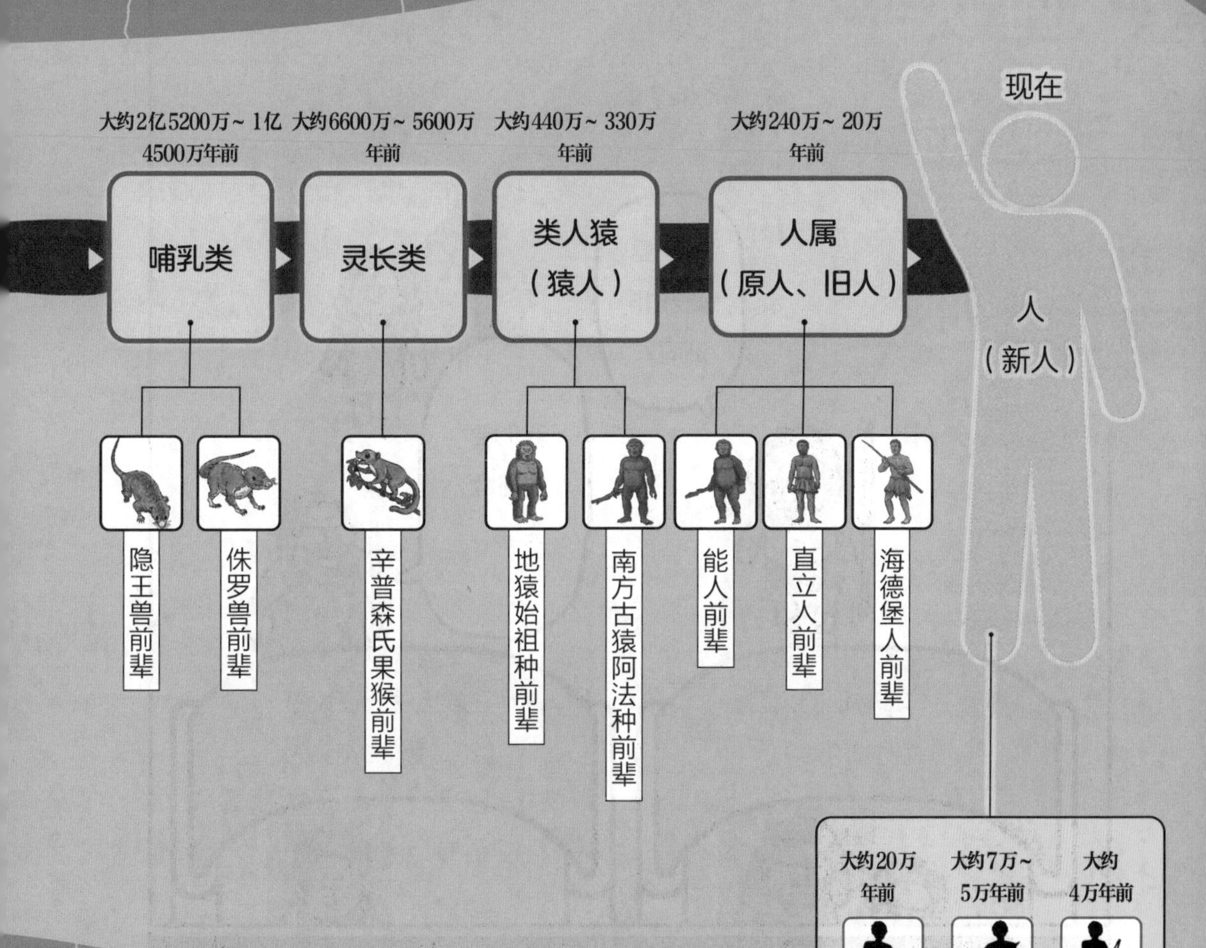

人类诞生的故事
16
第四纪
没想到『人』的诞生地
也受气候的影响
大约 50 万年前
我们的海德堡人前辈中出现了一些要离开非洲的人。
非洲
噢！进化的分岔路。
目的地亚欧大陆？
上千千米远。
咦？要离开非洲吗？
我们要去亚欧大陆。
留在非洲本地的大门
（我们的前辈）
亚欧大陆远征大门
（不是我们的前辈）
但！

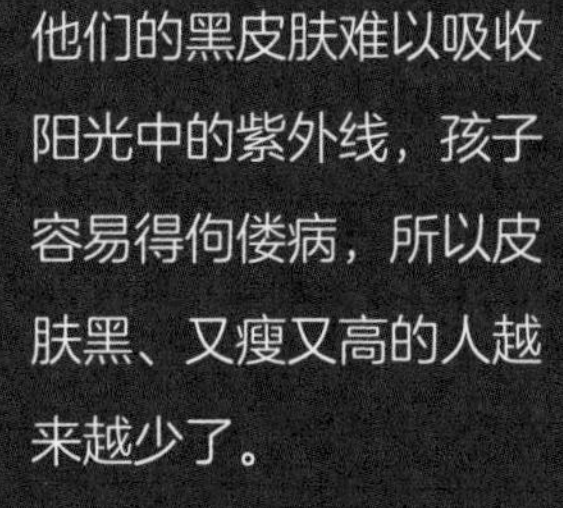

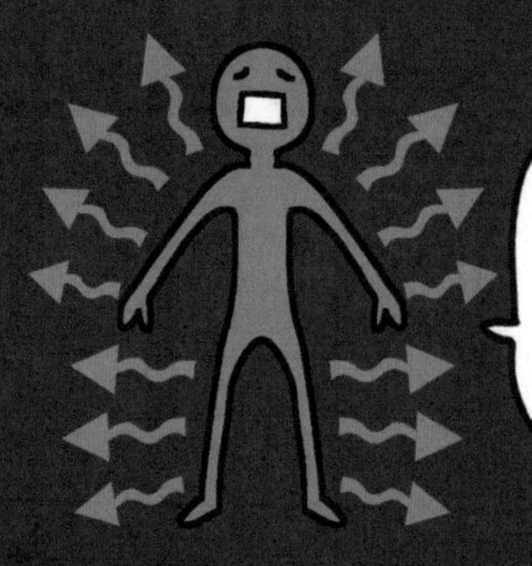

相反，皮肤白点、长得胖点、手短腿短的孩子更容易活下来。他们不断繁殖后代，子孙越来越多。

如此经过很多代以后……

* 日照不足：欧洲西北部因为纬度高，所以日照时间短。
* 佝偻病：日照不足导致体内缺乏维生素D，进而患上脊柱、四肢骨骼异常的病。

这个时候留在非洲的人

*一些专家认为，海德堡人与尼安德特人都已有原始形态的语言。

另外，他们的体型变得瘦长了，也变聪明了。

因为最近都用脑子狩猎了。

已经不是单靠体力，四肢发达、头脑简单的时候了。

然后又过了很多代……

大约20万年前的祖先

智人前辈

智人前辈大约是在20万年前出现的，由留在非洲大陆的海德堡人进化而来的人种。他们也可以称为新人。现在的人类都是智人。

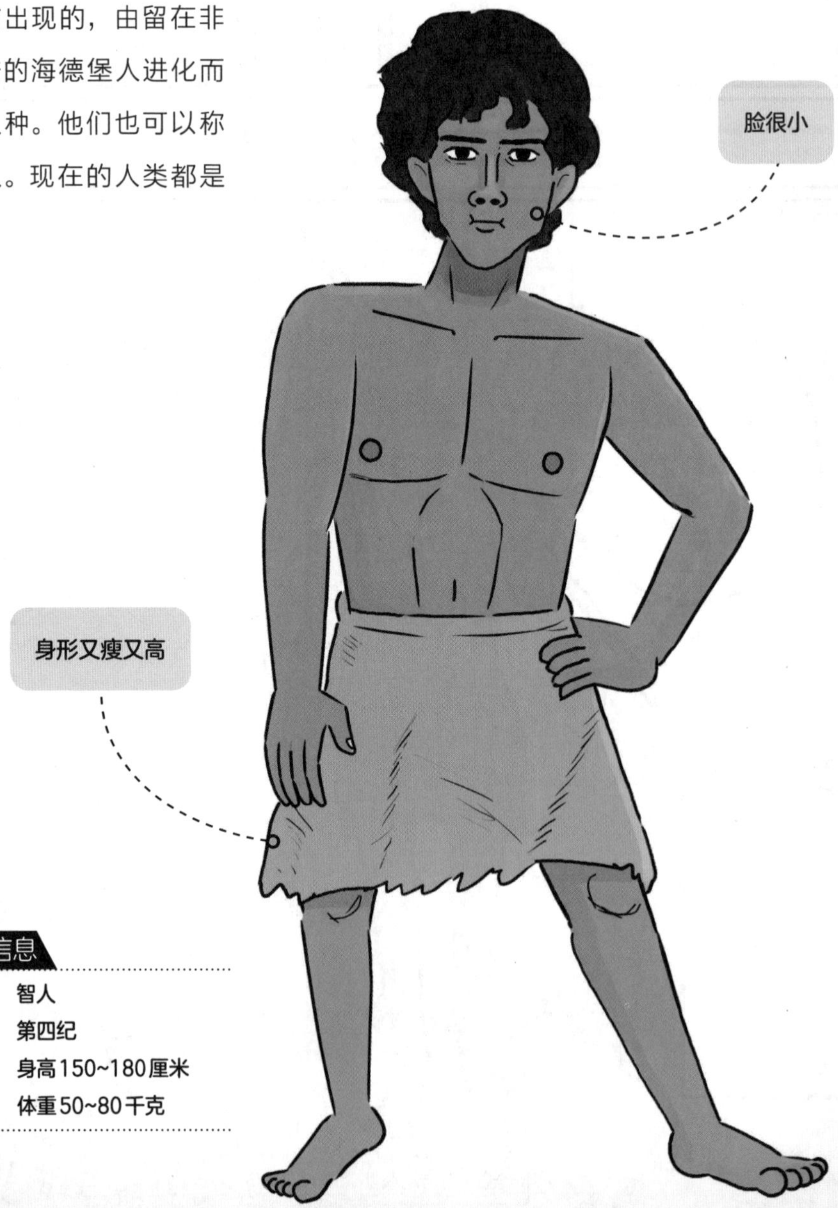

脸很小

身形又瘦又高

基本信息

名称	智人
时期	第四纪
大小	身高150~180厘米
	体重50~80千克

但是我们的前辈们太弱了……

遇上最强冰期，没有食物……

草原渐渐地变成了沙漠……

智人前辈刚刚在非洲诞生就遇到了灭绝的危机！大约19万5000年~12万3000年前，地球气候突然发生变化，人类迎来了强冰期。冰期是指地球上气温大幅下降的时期。智人生活的非洲大陆开始变冷，同时变得干燥。于是植物枯萎，草原渐渐地变成了沙漠。

一直在草原上过着狩猎生活的智人因为食物不足而困苦不堪，很多人都饿死了。

虽然看着很难吃，智人还是尝试着吃了海里的食物

智人不得不开始了以海产品为主要食物的生活！

沙漠里根本找不到食物，这样下去大家就要饿死了！于是为了寻找食物，智人开始在非洲大陆上迁徙。

最后，他们来到了大陆最南端的海边。他们第一次看到了大海，还在海边的岩石滩上闻到了一股奇怪的味道——那是贝类的味道。生活在草原上的智人当然从来没有见过，也从来没有吃过。他们不知道那些贝类能不能吃，也不知道它们有没有毒，食用它们会不会吃坏肚子……但是因为肚子实在太饿了，前辈们终于鼓起勇气尝了一口：怎么那么

好吃！就这样，智人前辈们学会了吃海产品，摆脱了食物不足的困境。他们直接住进了海边的洞穴中，开始了海边的生活。

就这样，智人前辈们总算在迁移的终点找到吃的，活了下来。

人类诞生的故事

17

第四纪

欧洲有一群很强的家伙

寒冷的非洲渐渐地回暖了，沙漠也慢慢地恢复了绿色。

暖和起来了。

好像可以去北面一点的地方生活了。

在非洲南部靠着吃海产活下来的智人也开始逐渐地回到北方。

感觉暖和了。

约 7 万 ~ 5 万年前*

他们走出非洲后，很快遇到了一群陌生的家伙！

离开家乡开辟新领地！

成百上千的智人离开非洲，扩散到了全世界。

*大约10万年前就有少部分智人离开非洲了，但并未走远且未留下后代。

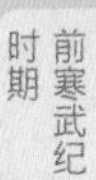

时期
前寒武纪

古生代
寒武纪
奥陶纪
志留纪
泥盆纪
石炭纪
二叠纪
中生代
三叠纪
侏罗纪
白垩纪
新生代
早第三纪
晚第三纪
第四纪

打败你！
他们遇到了尼安德特人（第155页）！
锝锝锝！
尼安德特人以欧洲为中心，自发扩散到了中东、中亚的各个角落。
你想怎样？
骗人的吧？！非洲之外还有一群这样的家伙啊！
他们也太强壮了吧！
这帮人是从哪儿来的啊？
长得跟我们很相像，不过皮肤更黑，瘦巴巴的。
咚咚咚咚！
但真高！
皮肤很白，头发和眼睛的颜色我从来没见过。
他们的结局会怎样呢？
这个时期的智人前辈是一种怎样的生物呢？

大约7万~5万年前的祖先

遇到尼安德特人时的
智人前辈

这个时期的智人已经学会说话，并且能够在团队中进行复杂的交流了。随着语言能力的发展，他们已经可以想象出一些眼前没有看到的景象。想象力的发展将终结智人一直以来的只以血缘为纽带的群体生活。

基本信息

名称　智人
时期　第四纪
大小　身高150~180厘米
　　　体重50~80千克

但是我们的前辈们太弱了……

身体比尼安德特人弱，根本战胜不了猎物……

遇到了另一种人类。

好不容易挺过了冰期的智人，在地球气候稳定以后又开始了向各处迁移的活动。他们刚刚走出非洲大陆，就遇见了比他们早一步离开非洲的尼安德特人。

身体强壮的尼安德特人在狩猎的时候会靠近猎物，然后用石矛杀死它们，但这种狩猎方法很容易遭到猎物的反击，是很危险的。身体瘦弱的智人可不能像尼安德特人那样狩猎……

因为弱，才变成这样！

发明能飞的武器，团队作战

必杀器“梭镖投射器”登场！

这样下去，猎物都要被尼安德特人抓光了……不过，智人发现：近身与猎物周旋实在是太危险了，如果能在远处瞄准猎物就好了！于是他们就发明了一种非常厉害的叫作“梭镖投射器”的武器。它实际上是一种有抛射功能的武器，智人可以把用来刺杀动物的矛挂在上面再让矛飞射出去。梭镖投射器抛射出去的矛比用手投掷的要更快更远，力量也更大。这样智人狩猎时就可以不

因为使用新式武器，团队协同作战

靠近猎物，只要大家一起合作把猎物围起来，然后用这种伤亡率极低的方式就能捕获猎物。

而近距离狩猎的尼安德特人经常在捕猎中受到很严重的伤，慢慢地人数就越来越少了。

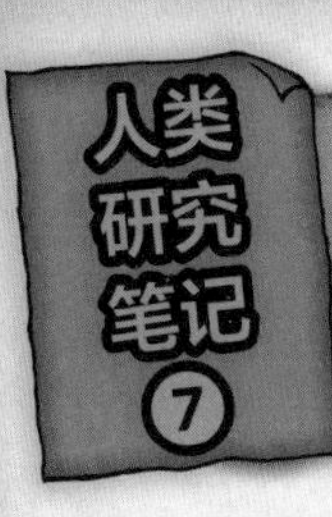

从新人到智人的诞生

大约20万年前

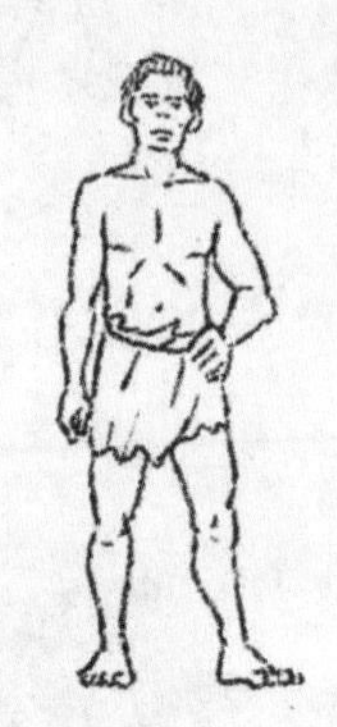

智人（➡第148页）

大约7万～5万年前

智人（➡第154页）

地球上陆地的位置已经和现在完全一样了。大约20万年前，智人出现。他们由留在非洲的海德堡人进化而来。我们现代人都是智人种。智人身体不够强壮，但脑容量很大。他们发明了工具，并利用团队合作度过了各种危机。

曾经生活在这个世界上的人们

现在介绍一下直到4万年前曾经生活在地球上的除了我们以外的其他人类。

大约4万年前，除智人以外的其他人类都灭绝了！

地球上曾经存在过很多种不同的人类，但是大约4万年前，除了智人以外他们都灭绝了。不过，在智人和尼安德特人共存的数万年间，他们有共同的子孙后代存活了下来。实际上，除了非洲裔以外的大多数现代人都继承了尼安德特人大约2%的遗传基因。尼安德特人的基因对于智人的生存竞争起到了很大的作用。

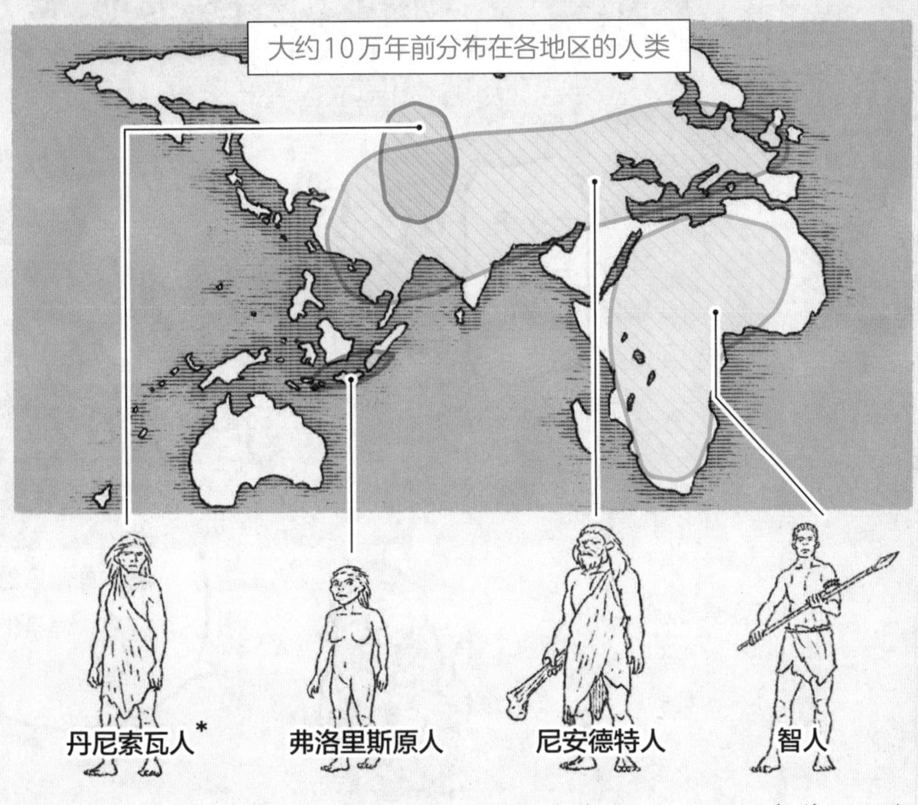

丹尼索瓦人*	弗洛里斯原人	尼安德特人	智人
大约40万年前生活在亚洲、身世成谜的人类。有人推测他们与尼安德特人同源。	大约出现在70万年前，生活在印度尼西亚弗洛里斯岛等地区的人类。他们很矮，只有大约1.1米高。会使用石制工具。	大约30万年前在欧洲进化出来的人类。他们的脑容量比智人还大，会使用各种各样的工具，也发现了很多使用火的方法。	大约20万年前出现在非洲大陆，唯一一直延续到现在的人种。拥有出色的想象力、语言沟通能力和艺术方面的能力。

* 最新研究表明，澳大利亚土著人、美拉尼西亚人、巴布亚新几内亚的原住民等都继承了丹尼索瓦人1%~6%的遗传基因。

第四纪

最终走出非洲的人遍布全世界

尼安德特人为什么会变少呢?

本来在智人刚开始向全世界扩散的时候，尼安德特人就已经面临人数减少的危机了。

只剩下了万人了!

人数减少的原因有很多。

理由 1 狩猎方法导致的死亡

理由 2 身体太强壮了，消耗大

气候变化导致森林消失，猎物急剧减少。

这个身体虽然耐寒，但是很容易饿。

理由 3 结成的团体太小了

他们以有血缘关系的家庭为单位一起生活，没有结成大的团体，不能有效地互助合作。

*近身肉搏的狩猎方法导致很多人都有骨伤，包括女人和小孩。

而说起智人……

力量弱小的人们聚在一起结成团体*，互帮互助的生活使他们获得了高水平的语言能力、技术能力和沟通能力。

*团体：目前发现有平均150人、400人的大团体生活的遗迹。

*想象力：想象力是在头脑中创造一个念头或者思想画面的能力。智人们正是根据想象力创造了原始的宗教。

有些人想去温暖的地方，于是往南走。
哗—— 哗——
南方好像更温暖，更适合生活。

北边虽然寒冷，但是有大的猎物。
慢吞吞地走着……
有些人为了丰富的食物资源，去往遥远的北方。

就这样，智人扩散到了地球的各个角落。
但是，前面还有各种各样的难题在等着他们。
这个时期的智人前辈是一种怎样的生物呢？

大约4万年前的祖先

进入亚欧大陆以后的

智人前辈

这个时期的智人，制造工具的水平更高了，已经能够做出又小又薄的石制工具了。他们会在居住的洞穴里画画，制作乐器，一起唱歌跳舞等。这些都进一步加深了团队成员间的联系。

基本信息

名称　智人

时期　第四纪

大小　身高150~180厘米

体重50~80千克

但是我们的前辈们太弱了……

因为大海和寒冷的困扰，没办法再前进了……

北面太冷，南面有海，不能继续前行了！

智人通过集体狩猎活动在与尼安德特人的生存竞争中获胜以后，大约在4万年前，他们不满足于只待在欧洲，开始向着亚欧大陆的南北两端出发去探险。

不过，一些喜欢温暖气候而选择向南往亚洲方向前进的人最终来到了一望无际的海边，不得不停下了他们的脚步；另一些为了捕获猛犸象、野牛等大型猎物而向北出发的人们则被-50℃的气温折磨得困苦不堪，他们也不能再继续前进了！

缝制衣服、造船，继续前进！

缝制衣服抵御严寒，造船渡海！

北线的智人为了抵御北方的严寒发明了很多东西。他们用动物的骨头制作了缝衣服的针，然后用骨针把驯鹿等动物的皮毛缝起来，制作出了防寒服、帽子、手套、靴子等。这次，智人没有改变自己的身体去适应寒冷的环境，而是发明了方便的用具来抵御寒冷。然后，他们才得以继续向北开拓地盘。另一

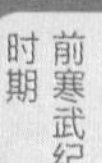

缝制衣服、造船

边，选择南线的智人怎样才能渡过大海呢？虽然不清楚过程如何，但是他们发明了石斧，并很可能用石斧砍伐树木从而制造出独木舟渡过了大海。他们为什么要冒险渡海呢？原因尚不可知，但是他们还是渡过了大海，来到了未知的土地上。就这样，他们的领地不断地扩大！

学会了造船的智人扩散到了世界各地。

写在最后

在那之后的我们

大约 1 万年前

他们的生活从以狩猎为主转变为以农耕畜牧为主。

大约 5000 年前

人类发明了青铜器、铁器和文字等。文明诞生了。

大约 300 年前

爆发了产业革命，铁路、蒸汽轮船、工业用机械等被发明出来。

现在

地球上的智人已经约有80亿之多，他们的肤色、宗教、民族都不一样。

但是他们都属于同一个人种——智人。

智人没有了天敌，在地球上他们已经没有灭绝的风险了。

但是，因为强大的智人破坏环境，使地球正面临着全球变暖、其他生物灭绝的困境。

但是“弱”本身是一个很重要的生存要素。因为弱可以让你不过分执着于某一事物，也可以让你有韧性，灵活地思考如何应对生活中的各种问题。

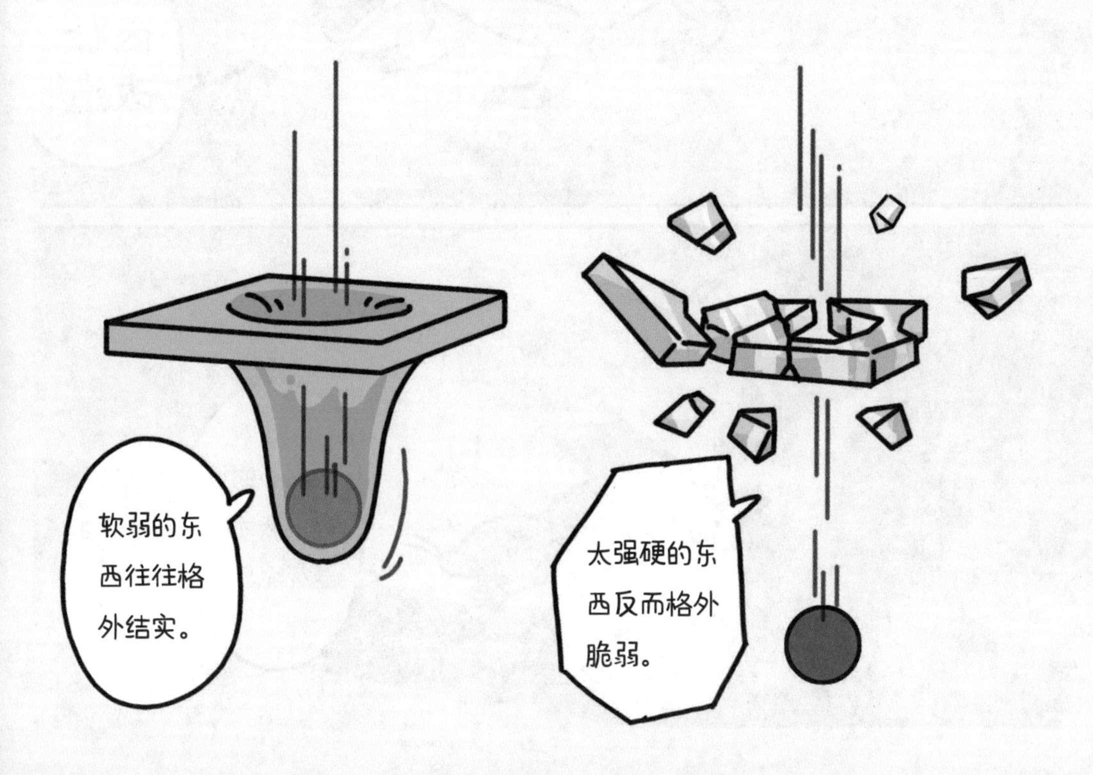

有的生物因为弱小，离开了天敌很多的地方才繁荣起来。
不能一直住在难以生活下去的地方。
逃跑虽然丢脸，但很有用。

有的生物为了适应环境，改变了自己的身体。
无处可逃，就只有改变自己。
肉体改造！

有的前辈因为弱小才活了下来。
小有小的好处。我才不要死呢！

有的前辈鼓起勇气，迈进了全新的世界。
要是不去做点什么就真的要死了啊！
性命攸关啊！

有的前辈通过自己的发现努力地制造出了工具。
咣！
咣！
靠体力解决不了的问题就动动脑。

有的前辈不关注自己做不到的事情，而是努力地想办法做好能做的事情。
怎么打倒比自己大的猎物并且不受伤……
前辈们时常遭遇各种危机，每次都是化劣势为优势活了下来。

弱小才有大幅进化的机会！

你们在日常生活中肯定也有
感觉到自己弱小的时候。

但不要气馁，这说明你要
有新的改变了。

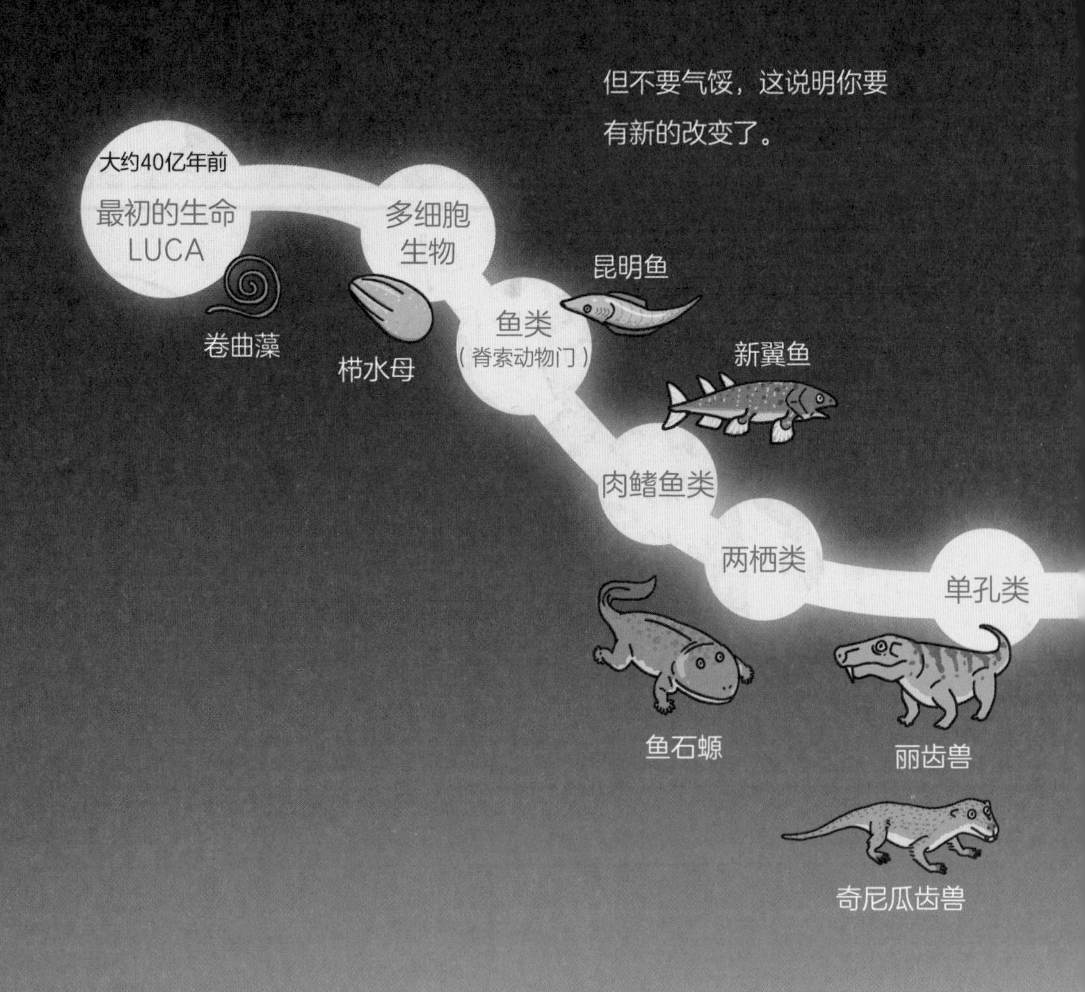

不要害怕改变，拿出勇气来，
做一些自己以前没做过的尝
试，肯定会有不一样的未来。

没关系，你的身后有
前辈们的支持！

这才是我们人类最有力的
武器。

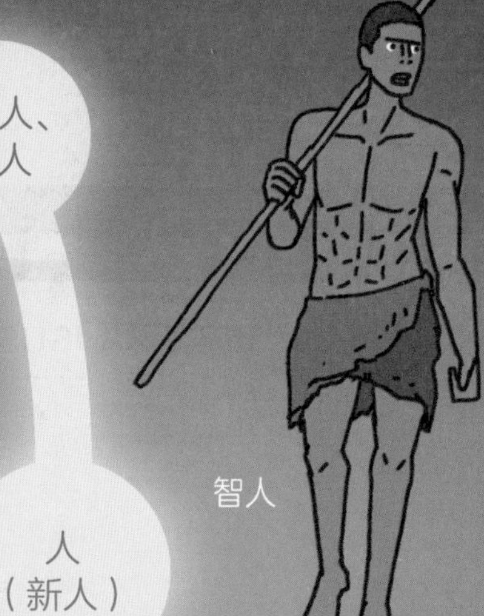

插画家介绍

Ulaken Volvox

Twitter@ulaken

序章、第1～5章、“写在最后”的所有漫画

Hearthead Emico

人类研究笔记 ①～⑦

Twitter@hearthead82

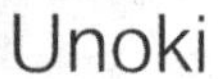

Unoki

卷曲藻
栉水母
昆明鱼
新翼鱼
鱼石螈

Twitter@UNOKINOKI

Itsu HORIGUCHI

奇尼瓜齿兽
隐王兽
侏罗兽
辛普森氏果猴

Twitter@itsuhoriguchi

古贺 Masawo

第28～29页、
第66～67页、
第92～93页、
第168～169页

http://ekaki-koga.sakura.ne.jp

室木 Osusi

第154～157页、
第174～177页

Twitter@susics2011

Tanka Ryosuke

地猿始祖种
南方古猿阿法种
能人
直立人
海德堡人

Twitter@allokworks